JN106426

佐々木慎太郎 著

セルバ出版

はじめに

最近はテレビを見ても、ドローンの映像が流れない日はないくらい我々の生活に身近なものとなってきました。

そして、このドローンの多くは飛行許可を取得しています。ドローンを飛ばすには何か許可が必要という認識は広まってきているものの、その具体的な内容についてはわからないという人が多いと思います。

本書は、ドローンの飛行許可などの法律や手続について、初めて学ぼうとする方に向けて書かせていただいた入門書です。本書をお読みいただければ完璧にではないですが、ドローン飛行許可の全体像と簡単な許可申請の内容を理解できるようになります。

初めて法律やドローンに触れる方にもわかるように、なるべく難しい用語を使わないようにしています。まずはイメージを理解していただいて、ドローンの飛行許可についての知識の土台を身に付けていただけると嬉しいです。

既に法律の知識がある方や業務で正しくドローンを飛ばしている方にとっては、本書の内容について「それは厳密にいうと違う」と思うところがあると思います。

私は行政書士として、ドローンの許可申請については年間数千件のご相談をいただき、現行の制度上考えられるほぼすべての許可申請を経験しています。多くの企業のドローン飛行許可申請書のコンプライアンスチェックも日常業務としてやらせていただいていますので、疑義の余地がない用語での説明も可能なのですが、あえてわかりやすさを優先してざっくり説明しています。その点はご了承ください。

ドローンの飛行許可制度が本格的に始まったのは、2015年12月からです。この業界は日が浅く、制度が完全に整備されていないため、法律や運用の変更が非常に多いです。本書の内容も今後どんどん更新されていくと思います。ですが、本書の許可申請の根本的な考え方については変わることはありませんし、今後も許可申請の制度がなくなることはありません。

本書が、これからドローンを活用する多くの方のお役に立てることを願っています。

2021年6月

佐々木　慎太郎

ドローン飛行許可の取得・維持管理の基礎がよくわかる本　目次

第2章　飛行許可申請のスケジュール

第3章　必見！　飛行許可申請丸わかりガイド

第4章　事例で学ぶ、飛行許可申請の落とし穴

第5章　飛行許可を取得した後の手続や遵守事項

第６章　飛行許可以外の主な手続と制度

第1章　ドローンの飛行許可を取得する前に

1　ドローンとは

本書でのドローンの定義

皆さまは、ドローンという単語からどのようなものを思い浮かべますか？

プロペラが何個か付いている形のラジコンをイメージする方が多いかもしれません。最近は「ドローンタクシー」「水中ドローン」など、ドローンと呼ばれるものが次々と登場してきています。

本書では、航空法という法律で定義された「無人航空機」を「ドローン」とします。

このドローンは、本書のタイトルにもなっている飛行許可申請が必要です。航空法というのはざっくり言うと、空の安全を保つためのルール（法律）です。

飛行許可申請が必要となった背景

ドローンを飛ばすときに飛行許可申請が必要になったのは、２０１５年12月10日からです。当時、ドローンについてのルールはほとんどありませんでした。ドローンが急速に普及し始めた時期でもあります。

ドローンは「空の産業革命」とも言われ、色々な分野で活躍が期待されていました。その一方で、首相官邸の屋上にドローンが落下したことをはじめとして、私たちの安全やプライバシーにも関係する問題も沢山起きました。落下したドローンに爆弾が積まれていたら大変です。

同じ２０１５年にアメリカのホワイトハウス（日本でいうところの首相官邸）でも、ドローンが落下して騒ぎになりました。

そこでドローンについてのルールを急いで整備することになりました。飛行許可申請が必要になったのもこのときです。

ドローンは人が乗ることができない構造の空を飛ぶラジコン

ドローンは人が乗ることができない構造の、空を飛ぶことができるラジコンです。ラジコンというのは、コントローラで遠隔操作することです。コントローラのスティックを操作して、ドローンを上下左右前後に移動させます。

コントローラの操作以外に、アプリやプログラムで自動的に操縦できるものもドローンと呼びます。

ドローンの形はプロペラが何個か付いているものをイメージすることが多いかもしれませんが、特にそのような決まりはありません。人が乗ることができない構造であれば、飛行機の形をしていても、虫の形をしていてもドローンです。

ドローンの重さは２００グラム以上であること

ドローンの重さは２００グラム以上（２００グラムも含みます）であることが条件です。

　２００グラム未満のものはドローンではなく、飛行許可申請には関係ありません。厳密にいうと関係あるのですが、少し難しいのでここでは触れないことにします。

　ここでの「重さ」はドローン本体とバッテリーの重さの合計です。バッテリー以外の取り外し可能な付属品は、この重さに含まれません。

　２００グラム未満のものがドローンから除かれている理由は、飛ばせる時間やスピードなど、機能・性能が限定されているからです。仮に落下してぶつかったとしても、被害は少ないと考えられています。また、軽いので風にも流されやすく操縦しにくいです。

　例えば、ドローンのプロペラが周囲に直接当たって被害が出ることを防ぐためにプロペラをガードする「プロペラガード」や、プロペラ全体を覆う「プロペラゲージ」などが取り外し可能な付属品です。これらの重さは、２００グラムには含まれません。これは飛行許可申請がそもそも必要なのか、不要なのかを判断するための大事な情報なので、必ず覚えるようにしましょう。

　身近なものだと、ソフトボールや玉ねぎが大体２００グラムです。

　なお今後は法律が変わり、１００グラム以上がドローンになる予定です。法律が変わった後は、本書の「２００グラム」をすべて「１００グラム」に読み替えれば大丈夫です。

　１００グラム以上となる理由は、ドローンの機能・性能が進歩しているからです。２００グラム未満の重さでも時速１００キロで飛ぶものや、２００グラム以上の重さのドローンとほとんど変わらない性能のものが登場しています（１００万円の札束がおおよそ１００グラムです）。

２　ドローンの活用事例

どのような活用事例があるのか

許可申請をしたドローンが実際にどのようなことに使われているのか、事例を一部ご紹介します。

この他にも建設工事・物流・警備・農業・人命救助・ドローンのレースなど、沢山の活用事例があります。

空撮（撮影）での活用

許可申請をしているドローンの多くが空撮で活用されています。映画、テレビドラマ、ＣＭやニュースなど、例を挙げるときりがありません。

現在は新型コロナウイルス感染症の影響で、オンラインの生配信でドローンの映像を楽しむことができるサービスなども出てきています（図表１）。

イベントでの活用

屋外のイベントでもドローンが活用されています。オンラインでの生配信はもちろん、夜にＬＥＤライトを付けた沢山のドローンを自動操縦で飛ばし、ドローンを見て楽しむショーもあります。

【図表１　Youtube で楽しめる「オンライン花見」】

（写真提供）
株式会社ドローン
エンタテインメント

外壁調査での活用

赤外線カメラやズームもできる高性能カメラで、建物劣化部分の調査ができます（図表2）。

今までは人がロープやゴンドラを使って直接調査していたので時間と費用がかかっていたのですが、その調査をドローンで行うことによって、調査時間も費用も数分の一になります。

そして何よりロープやゴンドラでの点検と比べて、危険が少なくなるということが大きなメリットです。

インフラ点検での活用

橋梁（はし）、太陽光パネルや風力発電機などの点検でも、ドローンが活用されています（図表3）。

人が立ち入ることが難しい場所、高所での危険がある点検作業を、ドローンで行うことによって、危険を回避することができます。

また、外壁調査と同じように、人が行う場合と比べて、短時間で点検することができます。

スポーツでの活用

サッカーやラグビーなど、スポーツでもドローンが活用されています。例えばサッカーの練習を空から撮影し、選手のフォーメーション（配置）のチェックを行っています。撮影した映像を分析し、ミーティングで戦術通りに動いていない選手の確認や見直しに活かしています。

【図表２　実際のドローンを活用した外壁調査の様子】

（写真提供）
SKY ESTATE 株式会社

【図表3　橋梁点検の様子】

（写真提供）
株式会社ジャパン・
インフラ・ウェイマーク

ドローンスクール（学校）

ドローンの知識と操縦技術を学ぶためのスクールも全国47都道府県にあります（図表4）。車の自動車学校のように、多くは一般の会社が運営していますが、最近は高等学校や専門学校でもドローンを教えることが増えてきています。

たとえ操縦技術を学ぶ練習（訓練）でも、後述の飛行許可申請が必要なケースでは許可申請をしなければいけません。

3　ドローンの飛行許可申請に必要な用語を学ぼう

飛行許可申請に必要な主な用語

実際にドローンを飛ばしたり、飛行許可申請をするときに必ずといっていいほど目にする用語について簡単に説明していきます。これらの単語の意味がなんとなく浮かんでくるようになれば、まずは大丈夫です。

ＤＪＩ（ディー・ジェイ・アイ）

世界シェアナンバーワンのドローンメーカー（ドローンを製造している会社）です（図表5）。

日本で許可申請をするドローンの多くはＤＪＩ製のドローンになるので、必ず覚えておきましょ

【図表４　ドローンスクールの様子】

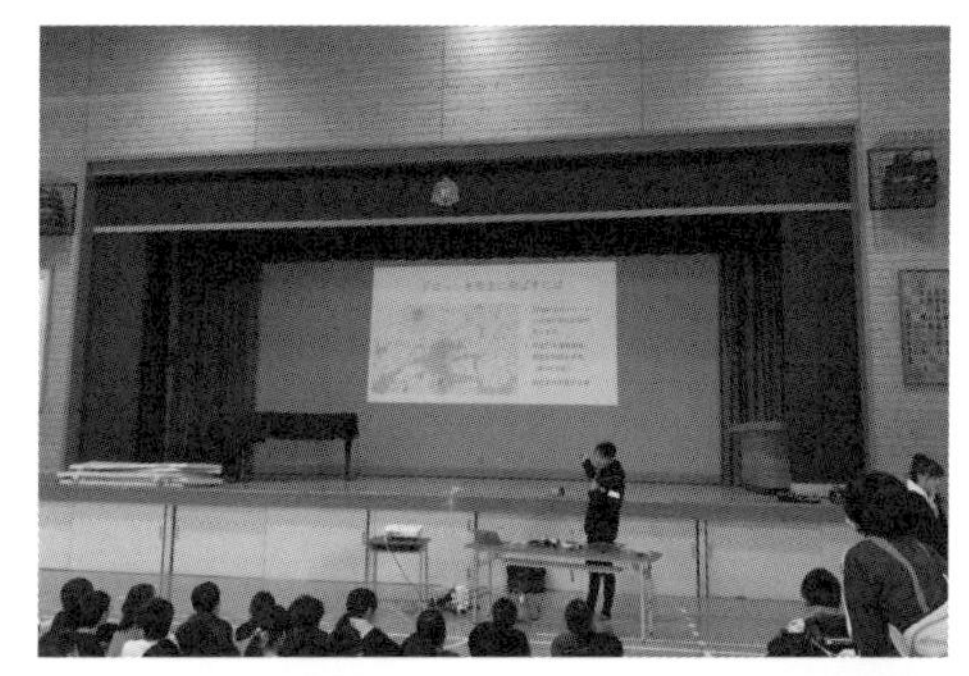

（写真提供）
一般社団法人
日本マルチコプター協会
（JMA）

う。コンビニで例えるとセブンイレブン、自動車で例えるとトヨタのようなイメージです。
各製品の性能やアプリも覚えておくと、申請がスムーズにできます。

【図表５　DJI 製のドローン】

プロポ

ドローンを操作するときに使用するコントローラのことです（図表6）。操縦装置とも呼びます。

プロポのスティックを操作して、ドローンを上下左右前後に移動させます。これを遠隔操作と呼びます。

プロポにはスマートフォンやタブレットを装着し、その画面にドローンの映像が映ります。プロポと画面が一体化しているものや、画面が映らないプロポもあります。

【図表6　プロポ】

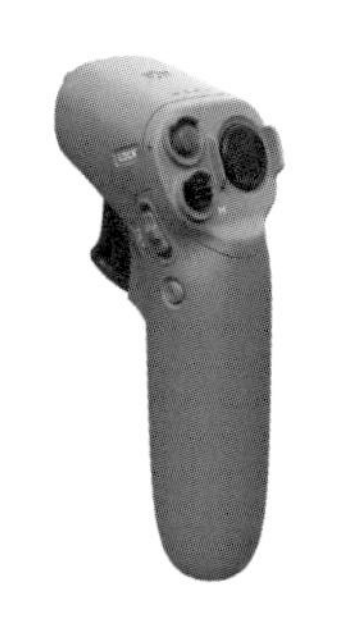

モード

プロポに付いているスティックの操縦方法のことです。設定で色々変えることができますが、業務でドローンを飛ばす方のほとんどはモード1またはモード2を使用しています。

図表7はモード1とモード2の具体的な操縦方法を比較したものです。スティックを倒す方向と、それによってドローンがどのように動くのかが理解できれば大丈夫です。

自動操縦（オートパイロット）

アプリなどを使用してドローンを飛ばす経路をあらかじめ決めて、自動的に操縦することです。何か不具合が起きたときに、原則プロポなどでの手動操作に切り替えられる設計になっていることが必要です。

ドローンでの点検や測量など、業務によっては自動操縦を使用します。

カメラとアプリ

ドローンに装着するカメラと、飛ばす際に使用するアプリです。

許可申請で重要な点は、ドローンを製造しているメーカーが指定しているカメラとアプリ以外のものを使用すると、申請が面倒になる可能性があるということです。

本書で詳細は触れませんが、ＤＪＩのドローンを申請する場合は特に注意しましょう。

【図表7　ドローン操縦方法モード1・モード2】

■操縦方法（モード2）

・スロットル（上昇・下降）

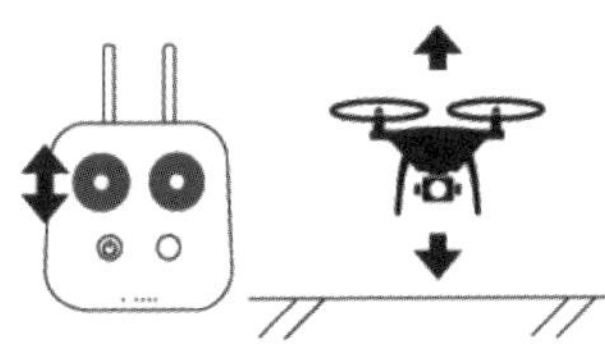
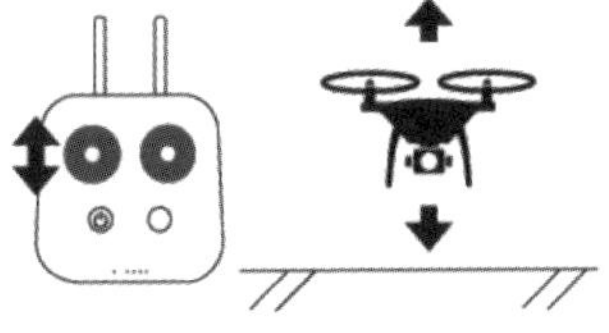

・ラダー（機首の向き）

・エレベータ（前後移動）

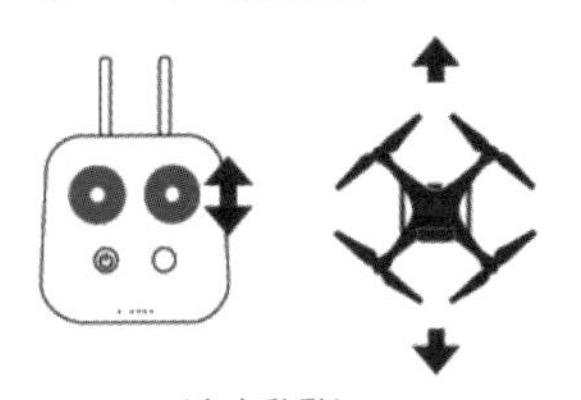

・エルロン（左右移動）

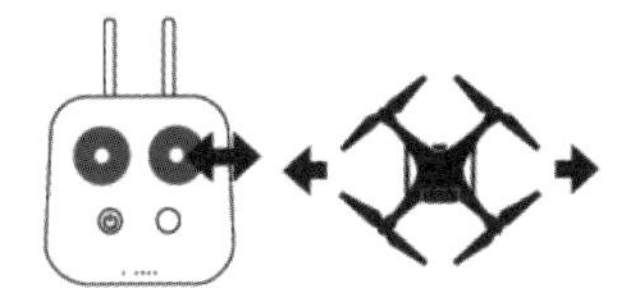

■操縦方法（モード1）

・エレベータ（前後移動）

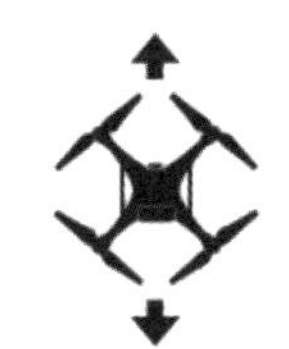

・ラダー（機首の向き）

・スロットル（上昇・下降）

・エルロン（左右移動）

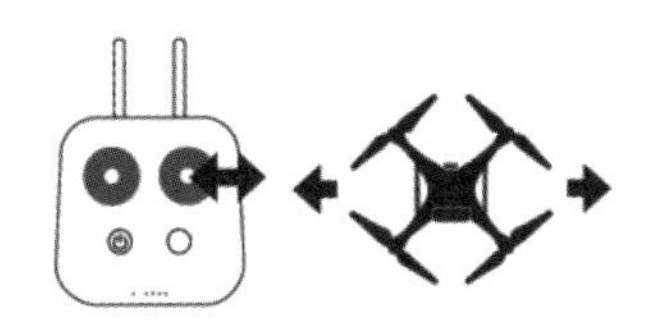

フェールセーフ機能

ドローン操縦中にプロポから出す電波が途切れてしまったときや、不安定になったときに作動する安全機能です。自動的に帰還してくれたり、その場でホバリング（滞空）し続けたりする機能があります。この機能がないドローンの申請は少し難しくなる、ということだけ覚えれば大丈夫です。

ホバリング

特別な操作をしなくてもドローンが空中で停止飛行する（浮き続ける）ことです。今は多くのドローンがホバリング機能を備えています。

もちろこの機能がないドローンもあります。

飛行マニュアル

飛行許可申請をするときに一緒に提出するマニュアルです。非常に大切なので、本書では何度も説明しています。この飛行マニュアルを理解していただくために、本書を書かせていただいたと言っても過言ではないくらい大切です。

飛行マニュアルにはドローン飛行前・飛行後の点検方法や飛行時に守らなければいけないルールが定められています。飛行許可を取得したときは、この飛行マニュアルを守ってドローンを飛ばさなければいけません。

本来は許可申請をする側ですべて作成しないといけないのですが、難しいので国土交通省が安全確保のための最低限の内容を盛り込んだ標準のマニュアルを作成してくれています。この飛行マニュアルを「航空局標準マニュアル」といいます。そのままこのマニュアルを飛行許可申請に使用することができます。

国土交通省が作成したマニュアルは最低限の内容なので、飛行させるときに合わせて自分で飛行マニュアルを作成し、それを使用することもできます。

ＧＰＳ

ざっくりいうと、人工衛星からの電波でドローンの現在位置を測る装置です。ドローン飛行の安定性を高めてくれます。飛行許可申請をするドローンの多くはＧＰＳを搭載しています。

ドローンの位置情報を自動的に計算していて、多少の風が吹いていても流されないで常に一定の位置でホバリングをしてくれます。

逆にＧＰＳが搭載されていないドローンやＧＰＳが切れている状態では、常にプロポで操縦していないと、どんどん風に流されていくので注意が必要です。

ジオ・フェンス機能

位置情報を活用した機能で、設定した高度や距離を超えてドローンが飛んでいかないように飛ばせる範囲を限定することができるフェールセーフ機能の一種です。

見えない境界線のようなイメージです。

ジンバル

ドローンのカメラについている機械です。カメラのブレを自動的に補正してくれるので少し風が吹いたり、ドローンを激しく操縦したりしても映像はほとんどブレません。

ラーメンやうどん屋さんの出前でスープがこぼれないのと同じイメージです。

FPV（ファーストパーソンビュー）

日本語では、「一人称視点」と訳します。ドローンでは一般的に、ゴーグルを付けてドローンのカメラ目線での映像を見ながら操縦することをFPVまたはFPV飛行と呼んでいます。

DIPS（ドローン情報基盤システム）

ドローン飛行許可をオンラインで申請するときに使うシステムです。「ディップス」と読みます。

ドローンの飛行許可申請の方法はいくつかありますが、多くの方がこのDIPSを利用して申請をしています。

ＦＩＳＳ（飛行情報共有システム）

ドローンの許可を取得した後は、ドローンを飛ばす前に人が乗っている飛行機・ヘリコプターや、他の人が飛ばしているドローンとぶつからないように、ＦＩＳＳ（エフアイエスエス）というシステムに事前に飛行計画を登録しなければいけません。

飛行計画にはいつ・どの範囲と高度で・どのような機体が飛ぶのかということを登録します。似た内容の飛行計画があった場合は、事前にぶつからないように調整をする必要があります。

最大離陸重量

ドローンの機種ごとにメーカーによって決められた、その機種が離陸することができる重量の最大値です。何かをドローンに積んだり、装着して最大離陸重量を超える状態で飛行許可を取得することはできなくはないのですが、少し難しいです。

市販されているドローンをそのまま飛ばす場合は、最大離陸重量については原則考える必要はありません。

第三者

ここでの第三者とは、ドローンの飛行に直接的・間接的に関わっていない人をいいます。そして身元も特定されていない人です。

ドローン飛行許可が必要なのか、不要なのかを判断する大切な定義なので必ず覚えましょう。例えば個人情報を入力してエントリーをしたドローンのレース大会（競技会）の参加者は第三者ではありませんが、大会を見に来ている一般の不特定多数の観客は第三者です。

第三者の上空は、ドローン飛行許可を取得したとしても原則禁止されています。ドローンを飛ばしている最中に、落下する危険性があるからです。実際にドローンが落下し、飛行の関係者だけではなく、第三者が負傷した事例もあります。

近年、ドローンの機能・性能が進歩しています。少しずつではあるものの、落下する危険性も低くなってきています。今後はルールの整備が進み、条件は付くものの、第三者上空を飛ばせるようになる予定です。日常的に飛んでいるドローンを見る日が来るかもしれません。

補助者

飛行許可を取得した後は、原則ドローンを1人で飛ばすことはできません。操縦者の他に補助者を置く必要があります。

補助者は飛んでいるドローンはもちろん、第三者・有人機（人が乗っている飛行機やヘリコプターのこと）がドローンを飛ばすエリアに入らないようにしたり、ぶつからないように気を付けたりしなければいけません。風など、天気の把握も行って操縦者に共有することも重要な役割です。

補助者は原則ドローンを飛ばしませんが、操縦者と同じくらいの知識が必要です。ドローンの特性を理解していないと、安全の確保が難しいからです。状況によっては、補助者がドローンの操作に介入することもあります。国土交通省が作成した標準飛行マニュアルにも、補助者を置く前提で内容がまとめられています。

ちなみに将来的には条件は付くものの、補助者を置かないでドローンを飛ばすことができるようになる予定です。

（全国）包括申請

飛行許可申請の種類の1つです。ざっくり言うと、日本全国で1年間飛ばせますよという飛行許可申請です。多くの人がこの意味で包括申請という言葉を使用しています。

制度としては他にも色々な許可申請の種類があるのですが、一番多い申請は包括申請です。ドローンを業務で飛ばしている方が、この申請をしていない方はほぼいないと言っていいほどポピュラーな申請です。

個別申請

こちらも飛行許可申請の種類の1つです。包括申請に対して個別申請という言葉が使われています。包括申請も個別申請も別途解説していくので、まずは飛行許可申請は包括申請と個別申請の2つの方法がある、ということだけ覚えれば大丈夫です。

【図表８　マルチコプター】

マルチコプター（回転翼航空機）

ドローンは「人が乗ることができない構造の空を飛ぶラジコン」です。

マルチコプター（図表8）というのはドローンの種類の1つです。プロペラが上向きにいくつか付いているドローンです。許可申請をするドローンの多くがマルチコプターです。

審査要領

ドローン飛行許可申請をするときの審査基準や方法が詳細に書いてある手引きのようなものです。飛行許可申請のドローンのルールはまだまだ整備されていないので、ほぼ毎年この審査要領が更新されています。国土交通省のホームページで閲覧できます。

難しい言葉や実際に使われていない情報も多く、理解するまで時間がかかる方が多いです。この審査要領を読んですべて理解できるのであれば、本書を読む必要がほとんどないくらい優秀です。

4　飛行許可が必要なケース

飛行許可が必要なケースは、飛ばす空域と飛ばす方法で９つ

厳密に言うと、ドローンを飛ばす空域と飛ばす方法で許可申請と承認申請に分かれるのですが、本書では許可でまとめることにします。申請をして、審査が通ればドローンを飛ばせるようになるということに変わりはありません。

９つのうち、どれか1つでも当てはまるのであれば、飛行許可申請が必要です。当てはまらなくても継続的に業務でドローンを飛ばす方で、１つでも可能性があるのであれば、事前に飛行許可申請をしましょう。

そしてこの９つは、飛行許可が必要かどうかを判断するための重要な知識です。朝起きたら顔洗いと歯磨きをするくらい当たり前の知識にしましょう（もし朝起きて顔洗いと歯磨きが当たり前ではない方がいらっしゃったらすみません）。

厳密に言うと、飛行許可が必要なケースは他にもあるのですが、まずは９つ覚えましょう。例えば国土交通大臣が指定した消防・救助・警察業務などの緊急用務を行うために、人が乗っている飛行機やヘリコプターが飛ぶ空域（緊急用務空域といいます）がありますが、こんなケースもあるということを知っていただければ大丈夫です。緊急用務空域については別途説明します。

①空港などの周辺の空域

空港やヘリポートの周辺は、人が乗っている飛行機やヘリコプターとぶつかる可能性があるので許可申請が必要です。

空域の具体的な調べ方は国土地理院地図とインターネットで検索し、「空港等の周辺空域（航空局）」（図表9）を選択すると、黄緑色で表示されます。この黄緑色で表示されていない場所は、許可申請が必要な空港やヘリポートはありません。黄緑色の範囲でも、許可申請が不要な場合があるので注意が必要です。

空港やヘリポートごとに、それぞれ許可申請が必要な高度が決まっています。羽田空港や中部国際空港（セントレア）のような大きな空港では「高さ制限回答システム」というものがあります。

国土地理院地図と同じようにインターネットで検索して住所を入力すると、許可申請が必要な高さ（標高）がわかります。

小さな空港やヘリポートの場合は直接問い合わせしてドローンを飛ばす場所を伝え、許可申請が必要なのかどうか確認しましょう。

全体の許可申請数と比べると、空港などの周辺の空域での許可申請はかなり少なく、マイナーです。この空域は許可申請以外の規制がかかることもあるので、注意が必要です。業務でどうしても飛ばさなければいけないという場合を除き、まずは空港やヘリポートから離れた場所でドローンを飛ばすようにしましょう。

【図表9　空港等の周辺空域（航空局）】

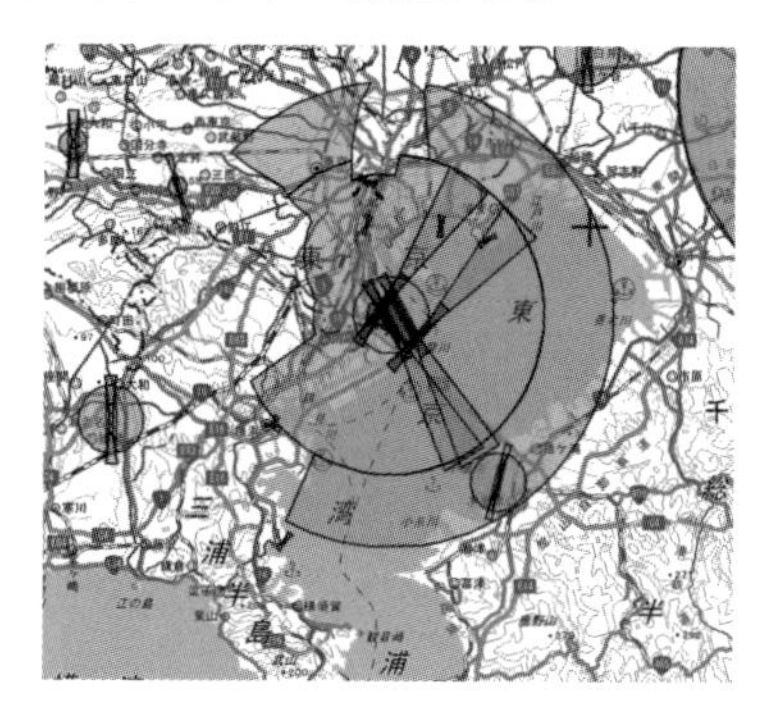

（出所：国土地理院地図）

②地表または水面から１５０ｍ以上の空域

この高さも人が乗っている飛行機やヘリコプターとぶつかる可能性があるため、許可申請が必要です。

この１５０ｍ以上というのは、「標高（海抜）」ではなく、「地表または水面」から１５０ｍです。例えば富士山の麓（ふもと）から１５０ｍ以上で飛ばす場合と頂上から１５０ｍ以上飛ばす場合の高さは全然違うように感じますが、両方とも許可申請が必要です。

③人口集中地区（ＤＩＤ地区）内の空域

人口が集中している地区ではドローンが不具合などを起こして墜落したときに人や物に接触する可能性が高くなる

【図表10　人口集中地区（総務省統計局）】

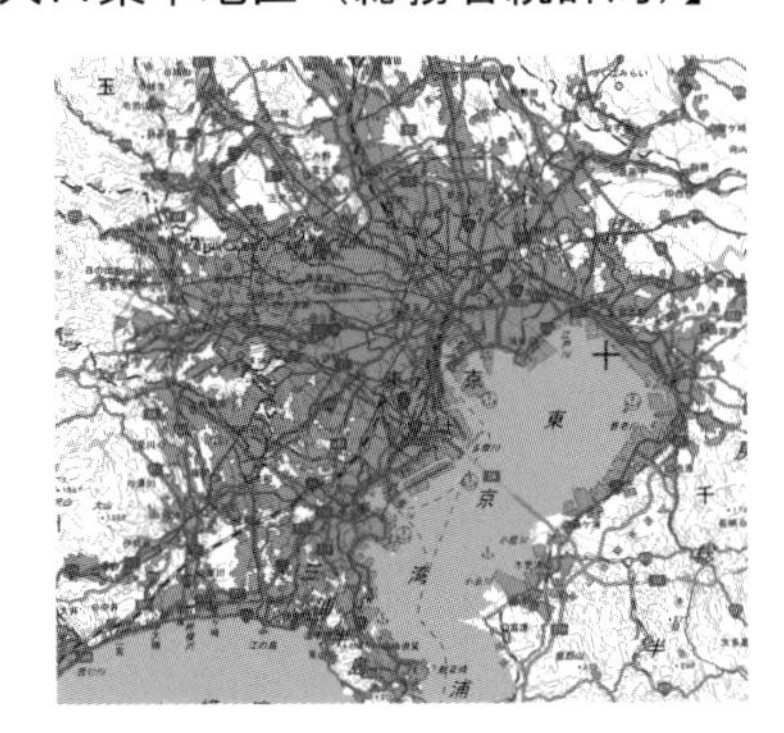

（出所：国土地理院地図）

ので、許可申請が必要です。

許可申請をするほぼすべての人がこの人口集中地区内での許可を取得していると言っていいくらい申請数が多いです。人口集中地区はＤＩＤ（ディーアイディー）地区とも呼ばれています。

空域の具体的な調べ方は国土地理院地図内で、「人口集中地区（総務省統計局）」（図表10）を選択すると、赤色で表示されます。人口集中地区の定義や定期的な見直し方法などについても細かく決まっていますが、許可申請では、国土地理院地図の赤色で表示されている地域が人口集中地区ということだけ覚えていればとりあえず大丈夫です。

付近に人が誰もいなくても、自分の土地でドローンを飛ばすときも、人口集中地区（ＤＩＤ）内の空域であれば許可申請が必要です。この空域の中で少しでもドローンを飛ばす可能性があるのであれば、あらかじめ許可を取得しておくようにしましょう。

空港、ヘリポートと人口集中地区はスマートフォンやタ

【図表11　ドローンフライトナビ（開発者から掲載の承諾を得ています）】

ブレット端末のアプリでも確認することができます。いくつか種類がありますが、「ドローンフライトナビ」（図表11）というアプリが国土地理院地図のデータを含めてほぼ正確に反映されているのでおすすめです。

飛行許可申請以外のルールについても、官報や警察庁などの正確な情報をもとに地図上に表示されているので、参考になります。官報というのは、国が毎日発行する公的な新聞のようなものです。新しくできた法律の公表も行っています。

現在はｉＯＳ（ｉＰｈｏｎｅやｉＰａｄ）端末でしかアプリの使用はできませんが、今後はｉＯＳ以外での端末でも使用できるようにすることも検討しているようです。

④夜間での飛行

夜間（日没から日の出まで）ではドローンの位置や姿勢だけでなく、周りの障害物などの把握も難しくなるので危険です。ドローンの適切な操作が難しくなり、墜落や機体を見失う可能性が高まります。

夜間になるかどうかについては国立天文台というところで詳細時間を発表していますが、覚えてもあまり役に立ちません。

夜間に飛ばす可能性が少しでもあるのであれば、あらかじめ許可を取得しておきましょう。ドローンから発する光を活用したイルミネーションショーなどが行われることがありますが、すべてのドローンが夜間飛行の許可を取得しています。

許可申請数が多いＤＪＩのドローンは、飛ばしている最中の向きがわかるようにＬＥＤライトが付いています。夜間ではこのＬＥＤライトを頼りにしながら、ドローンを見失わないように飛行させます。基本的に前方が「赤色」、後方が「緑色」なので、覚えておきましょう。人口集中地区内での許可ほどではないですが、夜間飛行も許可申請数が多いです。

⑤目視外での飛行

目視とは、ドローンを飛ばしている人が自分の目で直接ドローンを見ることです。

コンタクトレンズやメガネを付けていても構いませんが、双眼鏡やドローンのカメラ映像が映し出されているモニターを見ながらドローンを飛ばすと、目視ではなくなるので許可申請が必要です。

視野が限定されて周りに人や障害物などがないかどうかの判断が難しくなり、危険だからです。

ドローンを飛ばしている人はモニターを見ながら操縦して、代わりに補助者がドローンを監視し

【図表12　実際のドローンカメラの映像】

ていたとしても目視外になります。

ドローンを直接見ていないので、ゴーグルを付けてドローンを飛ばすことも目視外です。ゴーグルを付けて飛ばすことをＦＰＶ（ファーストパーソンビュー）飛行とも呼ばれています。

ＦＰＶ飛行は一人称視点でドローンを飛ばすことができるので、自分がドローンになって空を飛んでいる感覚を味わうことができます（図表12）。

大手メーカーのＤＪＩからもＦＰＶ飛行ができるドローン（ＤＪＩ ＦＰＶ）が販売されています（図表13）。

ＦＰＶ飛行は目視での飛行と少し勝手が違い、慣れるまで時間がかかる方も一定数います。テレビゲームで例えると、いつも３人称視点でプレイしていた方が初めて１人称視点でプレイしたときの感覚に近いです。

テレビゲームをしたことがない方は少しイメージしづらいかもしれません。ＦＰＶ飛行で酔う方もいらっしゃいます。

【図表 13　FPV 飛行できるドローン（DJI FPV）】

⑥人または物件から30ｍ以上の距離を保てない状況での飛行

ドローンは、人または物件から30ｍ以上の距離を保って飛行させることになっています。30ｍの距離を保てない場合は許可申請が必要です。

人というのは第三者、物件というのは第三者が管理している建物や自動車などの物件です。非常に大切なのでもう一度触れますが、「第三者」とはドローンの飛行に直接的・間接的に関わっていない、身元が特定されていない人です。

木や雑草などの自然に存在しているものは物件ではありません。物件として見落としやすいものとしては、電柱、電線、信号機や街灯などです。

田舎で人口集中地区（ＤＩＤ）でもないし第三者が近くにいないから許可なく飛ばしても大丈夫と思っている人も多いので、常に確認するようにしましょう。

第三者と、第三者が管理する物件が近くにない場合はこの許可は必要ありません。許可が必要なくても、好き勝手飛ばしてよいということではありません。落下事故やドローンが関係者に接触して怪我をしたら大変なので、危険な飛ばし方はしないように注意してください。

いつどこで第三者や第三者が管理している物件の近くでドローンを飛ばすことになるかがわからないので、業務でドローンを飛ばしている方の多くがあらかじめこの申請を行っています。許可申請が必要なケース９つの中でも人口集中地区内での飛行と並ぶくらい申請数が多いです。この許可を取得することは当たり前だと思っておきましょう。

⑦イベント上空での飛行

沢山の人が集まるイベント（催し）が行われている場所の上空ではドローンが落ちたときに被害が大きくなる可能性が高いので、飛ばすためには許可申請が必要です。

具体的にはそのイベントが「特定の日時、特定の場所に不特定多数（数十人以上）の人が集合するものかどうか」を主催者の意図なども考慮して総合的に判断します。夏祭りや屋外で開催されるコンサートがイメージしやすいかもしれません。

人混みや信号待ちの集団など、自然発生的なものはイベントではありません。人が特定されている場合もイベントではありません。

イベントでいうところの不特定多数は、「多数の第三者」と同じ意味で、ドローンの飛行に直接的・間接的に関わっていない、身元が特定されていない人たちのことです。イベント上空での飛行許可は他の申請と比べて件数が少なく、少し難しいので本書で申請方法の詳細については触れません。

ドローンはイベントでの活用も多いですが、一歩間違うと大事故になります。実際にイベント中にドローンが落下して第三者が怪我をした事例もあります。許可申請をするときも、原則ドローンを飛ばす高さに応じた立入禁止区画を設定しなければいけません。また、許可が取得できる風速や速度にも制限がかかります。

イベント上空での許可申請は難しく、飛ばすときの制限も多いです。そのため、業務では飛行許可が不要の重さの機体を飛ばしたり、イベント会場から離れた場所から飛ばすこともあります。

⑧危険物の輸送

バッテリー（電池）、ガス、燃料、農薬や火薬類を輸送するときに必要な飛行許可です。万が一墜落したら被害が大きくなる可能性が高いということが理由です。

ドローンが飛ぶために必要なバッテリーや燃料は危険物には含まれません。イベント上空での飛行許可申請と同じく、比較的申請件数が少ないマイナーな申請です。

具体的には農業で農薬散布をするときに申請が必要です。

ドローンは危険物の輸送に適した装備が備えられていなければいけません。例えば農薬散布を行う場合、農薬が外に漏れることがない構造・材質で、十分な強度があるタンクであることが条件です。

農薬散布を行うドローン（ヘリコプターの形をしているものも多いです）は、基本的にこの条件を満たしているので、購入した機体をそのまま許可申請することができます。

⑨物件の投下

ドローンから物件を投下すると、地上にいる人や物件に危害が出たり、ドローン自体も物件を投下するときにバランスを崩す可能性があったり危険なので、許可申請が必要です。

物件は物だけではなく、液体や霧状のものも物件投下になります。農薬はもちろん、危険は少ないですが、水を散布するときも物件投下の許可申請が必要です。

宅配などで物件を地面に置く場合は、投下していないので許可申請は必要ありません。

この許可も申請件数が少なく、実際に申請する機会はあまりないと思います。

物件投下をするドローンは、うっかり運んでいる物（液体）が落ちないような構造でなければいけません。例えば農薬散布をするときに農薬の散布量の調整ができなかったり、散布装置の制御が効かなくなって農薬がボタボタ落ちてしまったりしたら大変です。危険物の輸送と同じく、物件投下も農薬散布での申請が多いです。今後は農薬散布以外での事例も色々出てくると思います。

ドローンを飛ばす人のほとんどが飛行許可を取得している

現在日本ではルール（法律）を守ることが当たり前になっています。ドローンを業務で飛ばす人はほぼ必ずどこかで飛行許可が必要な場面が出てくるので、事前に適切な飛行許可を取得するようにしましょう。

業務を依頼する側も、法律違反になる可能性があるので、適切な飛行許可を取得していない方には依頼しないという傾向があります。

飛行許可申請件数の推移

全国でのドローンの飛行許可申請件数の推移です（図表14）。

飛行許可の制度が始まった平成27年12月からおおよそ1年間は1か月に１０００件前後の申請でしたが、令和2年度には多い月では1か月に６０００件以上の許可申請が行われる月もあります。

【図表14　無人航空機に係る許可承認申請件数の推移】

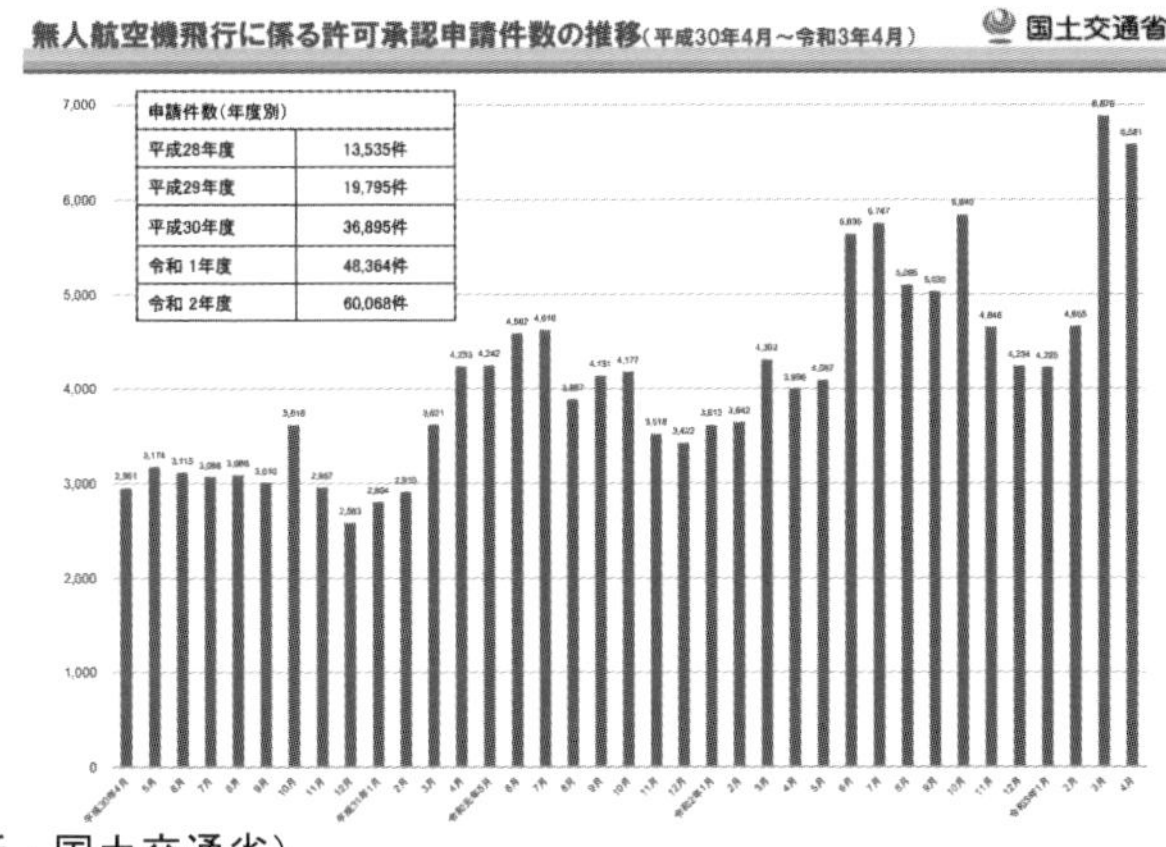

申請件数（年度別）	
平成28年度	13,535件
平成29年度	19,795件
平成30年度	36,895件
令和 1年度	48,364件
令和 2年度	60,068件

（出所：国土交通省）

今後も増加することが見込まれています。

5　飛行許可が不要なケース

飛行許可が不要なケースは2つ

ドローンでも許可が不要なケースがあります。どうしても許可が取れないときや、ドローンを飛ばすまでに許可申請が間に合わないときは許可を取得しないで飛ばせる可能性もあるので、覚えておきましょう。

屋内での飛行

そもそも飛行許可は屋外でドローンを飛ばすときに必要なので、屋内で飛ばす場合は許可が不要です。

人口集中地区（ＤＩＤ）内でも、目視外飛行でも、空港が目の前にあっても屋内であれば許可なくドローンを飛ばすことができます。

屋内と認められるためには、ドローンが外に飛び出すことがないように、四方と天井が覆われている必要があります。ドローンが屋外に出ることができる隙間、例えば窓や扉などが開いていては屋内とは認められません。

四方と天井は、ドローンが飛び出さない強度と隙間であれば網で覆われていても屋内扱いになります。例えばフットサル場でも屋内としてドローンが飛ばせる可能性があります。網の隙間から風が入ってくるので、完全な屋内より屋外に近い状況でドローンを飛ばすことができます。

事故や災害での人命捜索、救助

人命の捜索、救助は緊急性と公共性が高いので、飛行許可なしにドローンを飛ばすことができます。人命の危機や財産の損傷を避けるための調査や点検のために飛ばす場合も飛行許可が不要です。

気を付けたい点は誰でも事故や災害時に飛ばせるというわけではなく、国・地方公共団体（都道府県、市区町村など）が飛ばす場合と、国・地方公共団体から依頼を受けた人しか許可なく飛ばすことはできないということころです。

当然ですが許可なく飛ばす場合も、第三者と物件の安全を自主的に確保する必要があります。

飛行許可が不要なケースは増えていく

今後は新しい制度が次々と出てくる予定です。その制度の中には飛行許可が不要になるものもあります。飛行許可が不要なケースは2パターンだけではなくなることを覚えておきましょう。

２００グラム未満の機体を飛ばす

ドローンの重さは２００グラム以上（２００グラムも含みます）であることが条件です。２００グラム未満のものはドローンではなく、飛行許可申請には関係ありませんということを説明しました。

ここでの「重さ」はドローン本体とバッテリーの重さの合計です。バッテリー以外の取り外し可能な付属品は、この重さに含まれません。

どうしても理想のシチュエーションでの許可取得ができないときや、飛ばしたい日までに許可が間に合わないのであれば、２００グラム未満の機体を飛ばすのも選択肢の１つです。

※法律が変わり、今後は１００グラム以上が飛行許可申請の対象になる予定です。１００グラム未満のドローンは引き続き飛行許可申請が不要です。

６　飛行許可取得の基準

ドローンの審査基準

ドローンの許可申請の審査は国土交通省が行います。許可申請の審査では、「ドローン自体の機能と性能」、「操縦者の飛行経歴・知識・技能」、「安全を確保するための体制」の３つの視点から総合的に許可されるかどうかの判断がされます。

審査では許可の基本的な基準と、許可が必要な9つのケースそれぞれの基準を決めています。

審査が楽なドローン

ドローンはＤＪＩのものを購入し、そのまま使用するのであれば審査はほぼ顔パスといってもよいくらい機体の審査は問題ありません。ＤＪＩドローンの多くは、審査する国土交通省に機能と性能が認められているからです。

国土交通省のホームページに「資料の一部を省略することができる無人航空機」というタイトルで国土交通省に機能と性能が認められたドローンのリストが掲載されています。国土交通省のホームページに掲載されているので、「ホームページ掲載機」とも呼ばれています。

このリストはドローンの機種が国土交通省に認められる度に更新されていきます。1年間に何度か更新されるので、新しいドローンを申請するときは、事前に最新のリストをチェックする癖をつけるようにしましょう。

図表15～17に掲載されているリストもどんどん更新されます。この多くはＤＪＩのドローンですが、ＤＪＩ以外のドローンも掲載されています。このリストに掲載されているドローンは審査が楽になると覚えておけば大丈夫です。

新製品が出たときは、そのドローンが国土交通省に認められるものだとしても、リストに追加されるまで数か月かかることがあります。すぐには申請が楽にならないので注意が必要です。

【図表15　資料の一部を省略することができる無人航空機①】

最終改正日：令和2年12月24日

資料の一部を省略することが出来る無人航空機

No.	製造者	名称（型式）	最大 離陸重量	確認した飛行形態の区分 （申請書の飛行形態区分）	確認日
1	DJI	PHANTOM 1	1.2kg	A/B/C 注1/D	2016/5/24
2		PHANTOM 2	1.3kg	A/B/C 注1/D	2015/12/11
3		PHANTOM 2 VISION+	1.3kg	A/B/C 注1/D	2015/12/11
4		PHANTOM 3 STANDARD	1.3kg	A/B/C 注1/D/E 注2	2017/3/7
5		PHANTOM 3 ADVANCED	1.3kg	A/B/C 注1/D/E 注2	2017/1/16
6		PHANTOM 3 PROFESSIONAL	1.3kg	A/B/C 注1/D/E 注2	2017/1/16
7		PHANTOM 4	1.5kg	A/B/C 注1/D/E 注2	2017/1/16
8		PHANTOM 4 ADVANCED	1.5kg	A/B/C 注1/D/E 注2	2017/6/12
9		PHANTOM 4 ADVANCED+	1.5kg	A/B/C 注1/D/E 注2	2017/6/12
10		PHANTOM 4 PRO	1.5kg	A/B/C 注1/D/E 注2	2017/3/7
11	DJI	PHANTOM 4 PRO+	1.5kg	A/B/C 注1/D/E 注2	2017/3/7
12		PHANTOM 4 PRO V2.0	1.5kg	A/B/C 注1/D/E 注2	2018/6/19
13		PHANTOM 4 PRO+ V2.0	1.5kg	A/B/C 注1/D/E 注2	2018/6/19
14		PHANTOM 4 PRO Obsidian	1.5kg	A/B/C 注1/D/E 注2	2019/4/24
15		PHANTOM 4 PRO Obsidian +	1.5kg	A/B/C 注1/D/E 注2	2019/4/24
16		PHANTOM 4 RTK	1.5kg	A/B/C 注1/D/E 注2	2019/5/31
17		P4 Multispectral	1.5kg	A/B/C 注1/D/E 注2	2019/10/17
18		INSPIRE 1	3.4kg	A/B/C 注1/D/E 注2	2017/1/16
19		INSPIRE 1 V2.0	3.5kg	A/B/D/E 注2	2018/7/27
20		INSPIRE 1 PRO	3.4kg	A/B/C 注1/D/E 注2	2017/1/16
21	DJI	INSPIRE 1 RAW	3.4kg	A/B/C 注1/D/E 注2	2017/3/7
22		INSPIRE 2	4.29kg	A/B/D/E 注2	2017/3/7
23		MAVIC PRO	0.82kg	A/B/C 注1/D/E 注2	2017/1/16
24		MAVIC PRO PLATINUM	0.82kg	A/B/C 注1/D/E 注2	2018/1/26
25		MAVIC 2 PRO	1kg	A/B/C 注1/D/E 注2	2018/11/16
26		MAVIC 2 ZOOM	0.998kg	A/B/C 注1/D/E 注2	2018/11/16
27		MAVIC 2 ENTERPRISE	1.1kg	A/B/C 注1/D/E 注2	2019/4/24
28		MAVIC 2 ENTERPRISE DUAL	1.1kg	A/B/C 注1/D/E 注2	2019/4/24
29		MAVIC AIR	0.48kg	A/B/C 注1/D	2018/4/25
30		MAVIC AIR 2	0.66kg	A/B/C 注1/D	2020/7/29

【図表 16　資料の一部を省略することができる無人航空機②】

最終改正日：令和2年12月24日

No.	製造者	名称（型式）	最大離陸重量	確認した飛行形態の区分（申請書の飛行形態区分）	確認日
31	DJI	MATRICE 100	3.4kg	A/B/C[注1]/D/E[注2]	2017/1/16
32		MATRICE 200	6.14kg	A/B/D/E[注2]	2018/1/26
33		MATRICE 200 V2	6.14kg	A/B/D/E[注2]	2019/5/31
34		MATRICE 210	6.14kg	A/B/D/E[注2]	2018/1/26
35		MATRICE 210 V2	6.14kg	A/B/D/E[注2]	2019/5/31
36		MATRICE 210 RTK	6.14kg	A/B/D/E[注2]	2018/1/26
37		MATRICE 210 RTK V2	6.14kg	A/B/D/E[注2]	2019/5/31
38		MATRICE 300 RTK	9kg	A/B/D/E[注2]	2020/7/29
39		MATRICE 600	15.1kg	A/B/D	2017/1/16
40		MATRICE 600 PRO	15.5kg	A/B/D	2017/1/16
41	DJI	Spreading Wings S800 EVO	8kg	A/B/C[注1]/D	2016/5/24
42		Spreading Wings S900	8.2kg	A/B/C[注1]/D	2015/12/11
43		Spreading Wings S1000	11kg	A/B/C[注1]/D	2015/12/11
44		SPARK	0.45kg	A/B/C[注1]/D	2017/6/15
45		AGRAS MG-1	24.8kg	A/B/D/F[注3]/G[注3]	2018/1/26
46		AGRAS MG-1S ADVANCED	24.8kg	A/B/D/F[注3]/G[注3]	2019/1/25
47		AGRAS MG-1P RTK	24.8kg	A/B/D/ E[注2]/F[注3]/G[注3]	2019/10/2
48	DJI/TOPCON	MATRICE 600 PRO for TS	15.5kg	A/B/D/E[注2]	2019/1/25
49	ヤマハ発動機（株）	RMAX (L15)	93kg	A/B	2015/12/14
50		RMAX TypeIIG(L171)	93kg	A/B	2015/12/14
51	ヤマハ発動機（株）	RMAX TypeII (L172)	93kg	A/B	2015/12/14
52		高高度 RMAX GPS 付き (L181)	94kg	A/B	2015/12/14
53		高高度 RMAX GPS なし (L182)	94kg	A/B	2015/12/14
54		RMAX G1 (L20)	94kg	A/B/E	2015/12/14
55		FAZER (L30)	99kg	A/B	2015/12/14
56		FAZER R (L31)	110kg	A/B/F[注3]/G[注3]	2019/8/19
57		FAZER R G2 (L28)	110kg	A/B/D/E/F[注3]/G[注3]	2019/8/19
58		AYH-3 GPS 付き (L173) (ヤンマー)	93kg	A/B	2015/12/14
59		AYH-3 GPS なし (L174) (ヤンマー)	93kg	A/B	2015/12/14
60		YF390 (L32) (ヤンマー)	99kg	A/B	2015/12/14

【図表17　資料の一部を省略することができる無人航空機③】

最終改正日：令和2年12月24日

No.	製造者	名称（型式）	最大離陸重量	確認した飛行形態の区分（申請書の飛行形態区分）	確認日
61	ヤマハ発動機（株）	YF390AX (L33)（ヤンマー）	110kg	A/B/F[注3]/G[注3]	2019/8/19
62		YMR-08 (L80)	24.9kg	A/B/F[注3]/G[注3]	2019/8/19
63		YFA8 (L80)	24.9kg	A/B/F[注3]/G[注3]	2020/4/7
64		YMR-08AP (L83)	27kg	A/B/F[注3]/G[注3]	2020/12/24
65	（株）自律制御システム研究所	MS-06LA (13inch)	8.5kg	A/B/C[注1]/D	2016/4/5
66		MS-06LA (15inch)	9.0kg	A/B/C[注1]/D	2016/4/5
67	3D Robotics, Inc.	Solo	1.95kg	A/B/C[注1]/D/E[注2]	2016/9/5
68	（株）エンルート	AC1500[注4]	24.5kg	A/B/D/F[注3]/G[注3]	2017/7/19
69		AC940-D[注4]	14kg	A/B/D/F[注3]/G[注3]	2017/3/15
70		CH940[注4]	12kg	A/B/D/E[注2]	2017/3/15
71	（株）エンルート	EX700[注4]	6.5kg	A/B/D/E[注2]	2017/3/15
72		PG390[注4]	2kg	A/B/C/D	2017/3/15
73		PG560[注4]	5kg	A/B/C/D/E[注2]	2017/3/15
74		PG700[注4]	8kg	A/B/C/D/E[注2]	2017/3/15
75		QC730[注4]	6.5kg	A/B/D/E[注2]	2017/3/15
76		QC730TS	6.5kg	A/B/D	2020/3/24

（注1）プロペラガードを装備した場合に限る。
（注2）下記のメーカー指定の自動操縦システム及び機外の様子を監視できるカメラを装備した場合に限る。
- DJI社製：DJI GS Proアプリ（No. 4～15、17～28、31、32、34、36、48）
  DJI PILOTアプリ（No. 7～11、14、15、22～24、27、28、32～38、48）
  DJI TERRAアプリ（No.7～16）
  DJI GS RTKアプリ（No.16）
  DJI MGアプリ（No.47）
- 3D Robotics, Inc.社製：TOWERアプリ
- （株）エンルート社製：Mission Planner

（注3）メーカーの指定するものを輸送及び投下する場合に限る。
（注4）2018年4月以降、メーカーの都合により商品名から「ZION」標記を削除

確認した飛行形態の区分
A. 基本的機能及び性能（審査要領4－1－1、4－1－2（最大離陸重量25kg以上の場合））
B. 進入表面等の上空又は地表若しくは水面から150mの高さの空域における飛行のための基準（審査要領5－1（1））
C. 人又は家屋の密集している地域の上空における飛行、地上又は水上の人又は物件との間に所定の距離を保てない飛行、多数の者が集結する催し場所の上空における飛行のための基準（第三者の上空で無人航空機を飛行させない場合）（審査要領5－2（1）a）、5－5（1）a）、5－6（1）a））
D. 夜間のための基準（審査要領5－3（1））
E. 目視外飛行（補助者有り）のための基準（審査要領5－4（1）a）～5－4（1）c））
F. 危険物の輸送を行うための基準（審査要領5－7（1））
G. 物件投下を行うための基準（審査要領5－8（1））

※この型式の無人航空機は、
- 良好な気象条件
- 十分な技量を有した操縦者による飛行

において、当該無人航空機の検証を行った結果、安定した飛行と非常時に人等に与える危害を最小限とするための国が定めた要件（第三者の上空で飛行させる場合を除く。）に適合したことを国が実機により確認したものです。

なお、当該型式の無人航空機を使用して新たに国土交通大臣の許可・承認を申請する場合、以下の資料の提出は不要となります。
- 機体及び操縦装置の設計図又は写真（多方面）
- 運用限界及び飛行させる方法が記載された取扱説明書の写し
- 追加装備を記載した資料（第三者上空の飛行を除く。）

【図表18　Phantom4】

【図表19　Inspire 2】

ドローン操縦者の審査

ドローンの種類ごとに10時間以上の飛行経歴が必要です。

この種類はドローンの機種、例えばＤＪＩのＰｈａｎｔｏｍ４（図表18）やＩｎｓｐｉｒｅ２（図表19）ごとではなく形（飛行機、回転翼航空機、飛行船など）ごとの飛行経歴です。

許可申請されているドローンのほとんどはマルチコプター（回転翼航空機）で、プロペラが上向きにいくつか付いているドローンです。このタイプのドローンであれば、違う製品のドローンを飛ばしても10時間の飛行経歴に加えることができます。

次にドローンに関係する法律と、安全にドローンを飛ばすための知識も必要です。具体的には天気、ドローンの点検する項目や安全機能などについての知識です。

最後にドローンを飛ばすときに必要な能力です。飛行前にバッテリー残量や周囲の安全確認ができるかということや、ＧＰＳを使わない少し不安定な状態で、安定してドローンを飛ばすことができることです。

この操縦者の要件は、ドローンスクールを受講して早く習得するのも選択肢の１つです。

安全を確保するための体制

最後は安全を確保するための体制の部分です。この体制というのは、主に飛行マニュアルに記載されている内容です。

飛行マニュアルは飛行許可申請をするときに一緒に提出するマニュアルです。ドローン飛行前・飛行後の点検方法や飛行時に守らなければいけないルールが定められています。

飛行許可を取得したときは、この飛行マニュアルを守ってドローンを飛ばさなければいけません。本来は許可申請者が作成しないといけないのですが、難しいので国土交通省が安全確保のための最低限の内容を盛り込んだ標準マニュアルを作成してくれています。この飛行マニュアルを「航空局標準マニュアル」と言います。

そのままこのマニュアルを使用することができるので、まずは航空局標準マニュアルを読んでみましょう。国土交通省が作成したマニュアルは最低限の内容なので、飛行させる内容に合わせて自分で飛行マニュアルを作成したり、航空局標準マニュアルを一部変更したものを使用したりすることもできます。

航空局標準マニュアルは種類がいくつかあります。例えば「航空局標準飛行マニュアル②」を読んでみると、「風速5m／s（1秒間に5mの風速という意味です）以上の状態では飛行させない」と書かれています。この飛行マニュアルを使用して風速5m／s以上の状態で飛ばす場合は、飛行マニュアルを一部変更しなければいけません。

【図表20　無人航空機飛行マニュアル】

無人航空機

飛行マニュアル

（空港等周辺・150m以上・DID・夜間・目視外・30m・催し・危険物・物件投下）

場所を特定した申請について適用

運航者名：＿＿＿＿＿＿＿＿

国土交通省航空局標準マニュアル①（令和3年7月1日版）

無人航空機

飛行マニュアル

（DID・夜間・目視外・30m・危険物・物件投下）

場所を特定しない申請について適用

運航者名：＿＿＿＿＿＿＿＿

国土交通省航空局標準マニュアル②（令和3年7月1日版）

飛行許可が必要なケースそれぞれに基準がある

基本的な3つの基準の他に、許可申請が必要な9つのケースそれぞれに具体的な基準（追加基準）もあります。例えば、人口集中地区内での飛行では原則プロペラガードを付けて飛ばさなければいけないことや、夜間飛行ではドローンの向きが見てわかるようなライト（灯火）が付いているドローンを使わなければいけません。

追加基準はそれぞれ具体的に決まっていますが、必ず完璧に基準を満たさないと許可が下りないわけではありません。ドローンの機能と性能、操縦者の経歴や安全確保の体制を総合的に判断します。その結果、安全が損なわれないと認められれば許可はおります。例えば、人口集中地区内での飛行でプロペラガードを付けなかったり、夜間飛行でライト（灯火）が付いていないドローンで許可が下りるケースがあります。替わりの安全対策がしっかりしているからです。

7　飛行許可申請の種類と飛行範囲

飛ばす目的は主に4種類

主な飛行の目的は「業務」「趣味（業務外）」「（業務の）訓練」「研究開発（実験）」の4種類です。「業務」目的以外では包括申請ができず、飛ばす場所を決めて飛行許可申請をしなければいけません。申請の多くは「業務」目的になっています。

飛ばせる期間は最大１年

ドローンの許可期間は原則3か月以内です。継続的に飛ばすことが明らかな場合は、最大1年間の許可が出ます。実際に飛行許可を取得している方のほとんどが1年間の許可を取得しています。

業務でドローンを継続的に飛ばす場合は最大1年間と覚えておきましょう。

最大の飛行範囲は日本全国

飛行許可は飛行経路を特定した申請と、飛行経路を特定しない申請ができます。飛行経路を特定しない申請では、許可される最大の飛行範囲は日本全国です。都道府県、市区町村単位での許可も取得できますが、特にメリットはありません。

申請する飛行許可の内容によっては、飛行経路を特定し、住所・詳細飛行範囲や補助者の配置などをしっかりと決めないといけません。

8　適切な飛行許可を取得しないことによるリスク

業務の失注

最近では放送局やコンプライアンスに厳しい企業が絡む業務では、飛ばす案件ごとに適切な飛行許可が取得できているかどうか厳しくチェックされます。

適切ではないと判断された場合は、契約寸前まで進んでいた業務を失注したり、元々締結していた契約を解除されるケースもあります。

許可書だけでなく、申請書と飛行マニュアルも合わせてチェックされることがあります。

例えば、航空局標準飛行マニュアル②には「人又は家屋が密集している地域（人口集中地区のこと）の上空では目視外飛行は行わない」と書かれています。人口集中地区での目視外飛行が必要な業務があるときに、この航空局標準飛行マニュアル②を使用して許可申請をしている場合、飛ばすことができません。

このような事態にならないように、内容をしっかり理解して許可申請の準備をしましょう。

無許可飛行

許可が必要なケースなのに、無許可でドローンを飛ばすと最大50万円の罰金となる可能性があります。実際に損害があれば、無許可飛行の罰金の他に損害を与えた相手から損害賠償請求をされることもあります。

現代はコンプライアンスが非常に重要です。ルールを守ることが当たり前の風潮になっています。特に会社(企業・団体)でコンプライアンスを無視した経営を続けることは不可能になっていきます。

逆にコンプライアンスを徹底してドローンを飛ばすときの適切な体制を維持することができれば、沢山仕事を受注することができるので業績も伸びていきます。

無許可飛行の多くは通報されて発覚しています。例えば無許可で人口集中地区内を飛ばしたり、夜間に飛行しているドローンを第三者が通報したりして発覚したケースがあります。その他、落ちていたドローンが回収され、録画されていた映像で無許可飛行が発覚したケースもあります。

多くのドローンは機体に録画した映像を保存するカード（ｍｉｃｒｏＳＤカードが一般的です）が入っています。落下事故が起きたときに無許可飛行や、適切ではない許可申請が発覚することもあります。一度でもルール違反をしてしまうと信用がなくなり、事業を続けることが困難になります。

飛行許可とは別に絶対守らなければいけないルール

適切な飛行許可を取得するのはもちろんですが、飛行許可以外でも絶対守らなければいけないルールが４つあります。

これらのルールを守らないと、同じく最大50万円の罰金となる可能性があります。

この４つのルールは航空局標準飛行マニュアルにも書かれています。当たり前と言ってしまえばそれまでの内容もありますが、必ず読み込み、ルールを守ってドローンを飛ばしましょう。自動車と似ている部分もあるので、自動車の運転免許を持っている方はイメージしやすいかもしれません。

①アルコールまたは薬物などの影響下でドローンを飛ばさないこと

要するにドローンの飲酒運転のことです。当然ですが麻薬、覚せい剤などの薬物についてはドローンに限らずよくないことなので禁止されています。正常にドローンを飛行させることができない恐れがあるからです。

４つのルールのうち、シチュエーションによってはこちらだけ1年以下の懲役刑になる可能性があるので、特に注意しましょう。わかっているとは思いますが、懲役刑とは刑務所に入ることです。自動車の運転と同じように、飲酒運転は厳しい罰があります。

②ドローンを飛ばす前に確認を行うこと

故障でドローンが落ちてしまうことを防ぐため、ドローンを飛ばす前に準備が整っているかどうか、次の内容を確認をする必要があります。

（イ）ドローンに各機器（バッテリー、プロペラやカメラなど）が確実に取りつけられているか。
（ロ）ドローンに故障や損傷がないかどうか、通信や電源関係がちゃんと動くか。
（ハ）人が乗っている飛行機やヘリコプター、他のドローンが飛んでいないか。
（ニ）第三者が飛ばす経路の下にいないか。
（ホ）気象（風速、気温、雨量や視野の確保）がドローンを飛ばすときに問題ないか。
（ヘ）バッテリーの残量は十分か。
（ト）ドローンを飛ばす空域が飛行禁止されている空域ではないか。

他のドローンが飛んでいないかどうかは肉眼で確認することはもちろん、ＦＩＳＳ（飛行情報共有システム）を確認することも大切です。飛行禁止されている空域は国土地理院地図、ドローンフライトナビや航空局ホームページで確認します。

③航空機または他のドローンとの衝突を予防するよう飛行させること

人が乗っている飛行機やヘリコプター、他の人が操縦するドローンとぶつからないように飛ばさなければいけません。ドローンを飛ばす前にも確認をしますが、飛ばしている最中も気を付けなければいけません。

もしドローンを飛ばしているときに他のドローンや飛行機を見つけたときは、ぶつかる可能性があると判断したときはドローンを着陸させたり、ホバリングさせたりしてぶつからないように防がないといけません。

ＦＩＳＳ（飛行情報共有システム）に事前に飛行計画を登録してドローンを飛ばすことを知ってもらうことも衝突予防に繋がります。

日本の交通ルールでは、道路上では自転車や車は歩行者を優先する決まりです。空の交通ルールでは、ドローンではなく、人が乗っている飛行機やヘリコプターを優先することになっています。

空の交通事故を起こさないように常に衝突を予防しましょう。

④他人に迷惑を及ぼすような方法で飛行させないこと

他人に迷惑をかけてはいけません。これはドローンを飛ばすときだけではなく、日々の生活でも当たり前のことです。

想像がつくと思いますが、迷惑をかける飛ばし方というのは、不必要に急降下させたり人に向かってドローンを急接近させたりすることです。誰でもこのような飛ばし方をされたら怖いですよね。

緊急用務空域を知ろう

２０２１年2月に栃木県足利市で森林火災がありました。ヘリコプターが火災の消火活動をしているところ、現場近くでドローンが飛んでいるのが目撃されました。ドローンとの接触を避けるため、ヘリコプターの消火活動が一時中断されることになりました。

このため、消防・救助・警察業務など、緊急用務を行う人が乗っている飛行機やヘリコプターの安全を確保するため、２０２１年6月から、国土交通省が新たに緊急用務空域というものを指定しました。この空域では原則、ドローンの飛行ができません。そして、ドローンを飛ばす前に飛ばす空域が緊急用務空域に入っていないかどうか、確認しなければいけません。

緊急用務空域は高さに関係なく、原則ドローンを飛ばすことはできません。包括申請を持っていても飛ばせません。一応許可申請ができますが、「災害等の報道取材やインフラ点検・保守など、緊急用務空域ですぐ飛行させることが真に必要と認められる飛行」でなければ許可はおりません。

緊急用務空域でドローンを飛ばし続けた場合は無許可飛行となり、最大50万円の罰金となる可能性があります。ちなみに緊急用務空域では、２００グラム未満の機体も飛ばすことはできません。

国土交通省が緊急用務空域を指定したという情報は、国土交通省航空局ホームページまたは国土交通省航空局無人航空機Ｔｗｉｔｔｅｒで確認できます。ホームページは更新されても通知がされないので、Ｔｗｉｔｔｅｒのアカウントを持っている方はフォローをして通知を受け取れるようにしましょう。緊急用務空域以外の情報も発信されています。

【図表 21　無人航空機の飛行禁止空域について】

無人航空機の飛行禁止空域

国土交通省

(A) (B) (C)　・・・ 航空機の航行の安全に影響をおよぼすおそれがある空域（法132条第1項第1号）

(D)　・・・ 人または家屋の密集している地域の上空（法132条第1項第2号）

※空港等の周辺、150m以上の空域、人口集中地区（DID）上空の飛行許可（包括許可含む。）があっても、緊急用務空域を飛行させることはできません。無人航空機の飛行をする前には、飛行させる空域が緊急用務空域に設定されていないことを確認してください。（令和３年６月１日施行）

無人航空機の飛行禁止空域の追加について

国土交通省

○ 警察、消防活動等緊急用務を行うための航空機の飛行が想定される場合に、無人航空機の飛行を原則禁止する空域（緊急用務空域）を指定し、インターネット等に公示。

○ 無人航空機を飛行させる者は、飛行開始前に、飛行させる空域が緊急用務空域に該当するか否か確認することを義務付け。

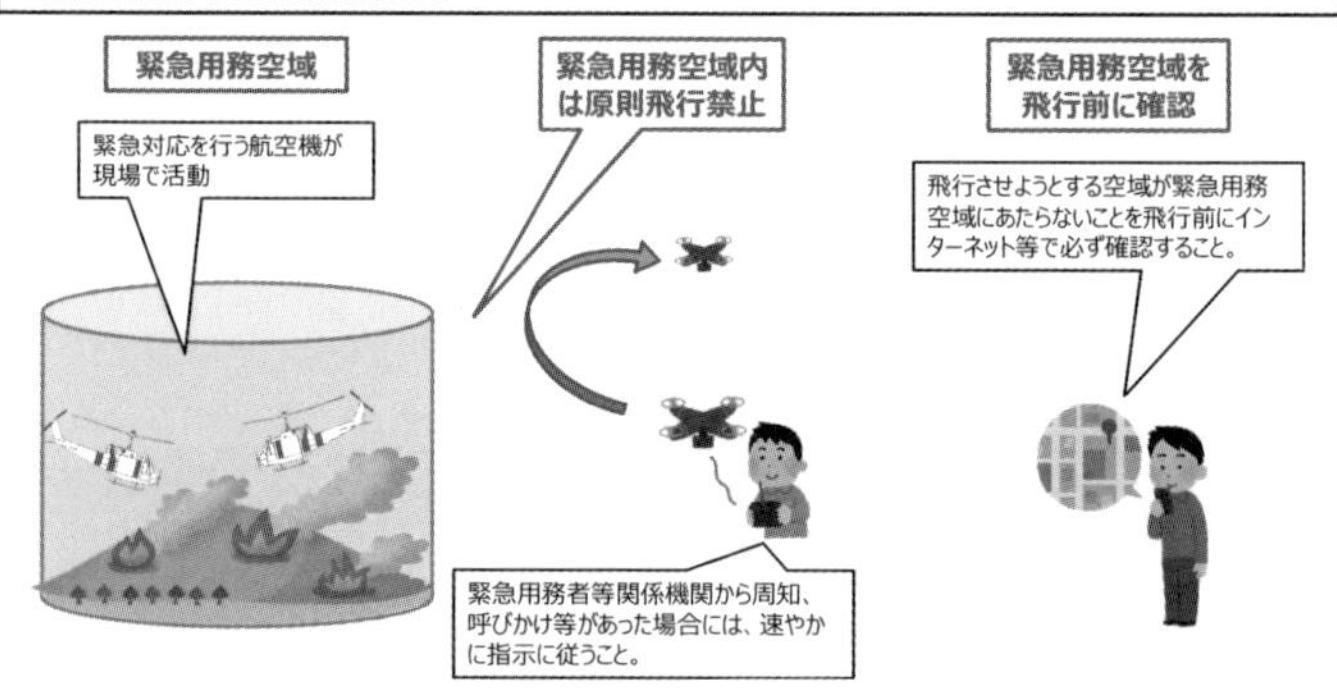

※ 空港周辺、150m以上の空域、DID（人口集中地区）上空等の飛行許可（包括許可含む。）があっても、緊急用務空域を飛行させることはできません。

（出所：国土交通省）

第2章　飛行許可申請のスケジュール

1　飛行許可取得までの期間は約1か月

申請までに決めること

飛行許可申請前の準備をし、申請して許可取得までの期間は約1か月です。

申請までに決めるべきこととしては主に5つです。

①飛行日時と期間…いつから、どれくらいの期間飛ばすのか
②飛行させる場所…どこ（住所、範囲）を飛ばすのか
③操縦者…ドローンを操縦するのは誰か
④機体…どのドローンを飛ばすのか
⑤飛行目的…どのような目的でドローンを飛ばすのか

この5つを総合的に考慮して、飛行計画と許可申請の内容を決めます。

許可申請の内容を決め、申請書を完成させるところまでで約2週間です。慣れている方はこの期間を短縮することができますし、初めての方であればもっと時間がかかる可能性もあります。時間に余裕を持って準備しましょう。この1か月というのは、あくまで一般的な包括申請をする場合を想定しています。イベント上空の申請など、個別具体的な難しい内容の場合は、許可申請の内容を決めるところから申請書作成まで、さらに時間がかかります。

保険について

結論から言うと、ドローンの飛行許可申請をするときに保険情報を入力する必要はあるものの、必ず保険に入っている必要はありません。ただ、ドローンは第三者や物件に危害を加えてしまったときの損害が大きくなる可能性が高いので、業務で飛ばす場合はほぼすべての方が保険に加入しています。

少し大げさですが、チェーンソーが空を飛んでいることをイメージすれば危険度が伝わるかと思います。墜落するドローンに当たって失明してしまったケースもあれば、指が切断されてしまったケースもあります。

保険は主に人に対する保険、物に対する保険、ドローン自体への保険と3種類あります。ドローンを購入したときに、人に対する保険と物に対する保険がセットで付いてくるドローンもあります。

申請してから許可取得までは約2週間

日常的に業務で許可申請をしているプロの方であれば、2週間より短い期間で許可取得することも可能です。

国土交通省では、10開庁日前までに内容に不備のない状態の申請を求めています。

10開庁日というのは、土日祝日以外で10日という意味です。申請先は役所なので、土日祝日は基本的に審査をしないためです。

申請内容に不備があった場合は、国土交通省から申請内容を修正（補正）してくださいという内容の通知がくるので、修正対応をしなければいけません。1回の修正対応〜再審査の期間は数日です。

修正依頼が1回あると、許可取得まで2週間以上時間がかかってしまう可能性があります。修正依頼の回数が増えれば増えるほど、許可取得までの時間がかかります。

申請先からの修正依頼の通知に気づかず放置してしまい、許可まで1か月以上かかってしまった事例もあるので、注意が必要です。基本的には国土交通省から修正対応の催促がくることはないので、通知を注意して見ておかなければいけません。

許可申請の審査をする国土交通省の審査官も人間です。毎日沢山の許可申請を受け付け、審査しています。本当に稀ですが、逆に申請者我々からの修正対応や連絡対応が遅れることがあります。そのときは、こちらから国土交通省に審査の状況を確認するようにしましょう。

2　オンライン申請と郵送申請

主な申請方法は2種類

申請方法はいくつかありますが、主な申請方法はオンライン申請（ＤＩＰＳ）と郵送申請の２種類です。

オンライン申請は郵送申請と比べて少し早く許可を取得することができるので、郵送より申請数が多いです。しかし、選択肢を選んでいく方式なので、内容を理解しなくても許可がおりてしまう可能性があります。

また、ＤＩＰＳのシステムの都合上取得できない許可もあります。思っていた内容と違う、取得したい許可ではないものを取得してしまうリスクが郵送より高いので、気を付けましょう。

郵送申請の場合は、郵送の往復の時間があるので許可書が届くまでオンライン申請より数日長くかかってしまいます。

オンライン申請と郵送申請では、オンライン申請のほうが申請数は多いです。システムも少しずつ改善されて、柔軟な申請ができるようになってきています。世の中の流れとして、役所への手続は紙での申請が少なくなってきていますので、国土交通省もオンライン申請をおすすめしています。

３　オンライン申請の流れ

①アカウントを作成する

まずはアカウントを作成します。必要なものはパソコン、インターネットが使える環境とメール

【図表22　DIPS（QRコード）】

アドレスです。

インターネットで「DIPS　ドローン情報基盤システム」と検索してウェブサイトから「はじめての方」というところからアカウント開設ができます。

アカウントは個人用と法人（企業・団体）用があります。個人用のアカウントでは企業名（屋号）などの入力ができないので注意してください。

ウェブサイト内でDIPSの概要や利用手順を説明しているページがあるので、まずは確認してみましょう。

②ドローンの情報を入力する

アカウントが作成できたら「無人航空機情報の登録・変更」を選択し、ドローンの情報を入力します。

他にも操縦者の情報や申請書情報の入力ができますが、システム上進めなくなってしまうので、必ずドローンの情報を先に入力するようにしましょう。

ドローンは複数台の情報を入力することができます。

③操縦者の情報を入力する

ドローンの情報が入力できたらメニューへ戻り、次に「操縦者情報の登録・変更」を選択し、操縦者の情報を入力します。入力の途中で操縦することができるドローンの情報を選択するところがあるので、最初にドローンの情報を入力していないと次に進むことができません。

操縦者もドローンと同じように、複数人の情報を入力することができます。

④申請書の情報を入力し、申請をする

ドローンと操縦者の情報を入力できたら、再度メニューへ戻り、「申請書の作成（新規）」を選択し、申請書を作成します。

ここで今まで入力したドローンと操縦者の情報が必要になるので、これらの情報を入力していない状態で申請書を作成すると、完成させることができません。繰り返しになりますが、必ず入力する順番を間違えないようにしましょう。

⑤補正指示発行通知

申請した内容に不備がある場合は、申請先から「不備があるので修正（補正）してください」という通知がアカウントを登録したメールアドレスに届きます。

不備の内容はＤＩＰＳのウェブサイト上で確認ができます。補正対応ができれば許可がおります

が、対応が難しいものや、そもそも申請した内容では許可が出せないということもあります。その場合は申請を取り下げて、再申請しなければいけません。

⑥審査終了通知

申請した内容に不備がなければ、申請先から「審査が終わりました」というメールが届きます。

オンライン申請では、許可申請をするときに電子許可書（ＰＤＦデータ）か紙の許可書（図表23）のどちらを受け取るか選択します。電子許可書（図表24）を選択した場合は、システム上で許可書をダウンロードすることができます。

紙の許可書が欲しい場合は、返信用の封筒を入れて申請窓口に郵送すれば、数日で紙の許可書が届きます。

データの許可書と紙の許可書の違いは、国土交通省からの公印（役所が公務で使用するハンコのことです）があるかないかの違いです。どちらも効力は同じなので、特にこだわりがなければ早く許可書を確認できるデータの許可書を選択したほうがよいです。

飛行許可取得後は許可書のコピーまたはＰＤＦデータを携帯してドローンを飛ばしましょう。飛行許可を取得したからといって好き放題飛ばせるわけではないので、注意してください。許可書の「条件」にも書いてあるように、申請した飛行の方法や飛行マニュアルを守って飛ばさなければいけません。

電子許可書が本物かどうかの確認方法

紙の許可書は実際に公印が押されているので、本物かどうかなんとなくわかると思います。電子許可書（ＰＤＦデータ）は公印がありません。許可書データをダウンロードして開くと、次のような複数のファイルが出てきます。

・○○○.xml（公印の代わりに電子署名が付与されたファイル。電子許可書のことです）
・DEFAULT_STYLE.xsl（xml形式のファイルをブラウザで表示する為の補助的なファイル）
・○○○.ＰＤＦ（具体的な許可内容が記載されたファイル。例えば、無人航空機_許可証など）

今は映像を編集・加工する素晴らしいソフトが沢山出ているので、もし許可書を改ざんされていたとしても中々見分けがつきません。

確認方法はインターネットで「ｅ-Ｇｏｖ電子申請」と検索し、ｅ-Ｇｏｖ電子申請のページを開きます。開いたページの中に「公文書の署名検証」があるので、そこを開くと電子許可書の証明ができるページが出てきます。そのページの「検証を行う公文書ファイルと必要な添付ファイルをまとめてドロップしてください」と書いてあるところにダウンロードした電子許可書をドラッグアンドドロップし、「署名検証」を押すと検証結果がでます。

実際に電子許可書を本物かどうか確認する企業は少ないですが、今後も電子許可書が増えていくので、この確認方法は知っておいて損はないと思います。この検証方法はドローン飛行許可だけではなく、オンライン申請の行政手続全般で活用できるので、この機会に覚えておきましょう。

【図表 23　紙の許可書（公印あり）】

東空運第　　　　号

無人航空機の飛行に係る許可・承認書

株式会社　　　　　　　　　　　　殿

令和　年　月　日付をもって申請のあった無人航空機を飛行の禁止空域で飛行させること及び飛行の方法によらず飛行させることについては、航空法第 132 条ただし書及び第 132 条の２ただし書の規定により、下記の無人航空機を飛行させる者が下記のとおり飛行させることについて、申請書のとおり許可及び承認する。

記

許可及び承認事項：　航空法第 132 条第２号
航空法第 132 条の２第５号及び第７号

許可等の期間：　令和　年　月　日から令和　年　月　日

飛行の経路：　東京都新宿区　　　　　　（申請書のとおり）

無人航空機：　DJI 社製 INSPIRE2、MAVIC PRO、PHANTOM4、MATRICE210、MAVIC2、MATRICE300

無人航空機を飛行させる者：

条件：

- 申請書に記載のあった飛行の方法、条件等及び申請書に添付された飛行マニュアルを遵守して飛行させること。また、飛行の際の周囲の状況、天候等に応じて、必要な安全対策を講じ、飛行の安全に万全を期すこと。
- 航空機の航行の安全並びに地上及び水上の人及び物件の安全に影響を及ぼすような重要な事情の変化があった場合は、許可等を取り消し、又は新たに条件を付すことがある。
- 飛行実績の報告を求められた場合は、速やかに報告すること。

令和　年　月　日

東京航空局長　吉田 耕一郎

東京航空局長之印

【図表24　電子許可書（公印なし）】

東空運第　　号

無人航空機の飛行に係る許可・承認書

株式会社
代表取締役　　　　　殿

令和 年 月 日付をもって申請のあった無人航空機を飛行の禁止空域で飛行させること及び飛行の方法によらず飛行させることについては、航空法第132条第２項第２号及び第132条の２第２項第２号の規定により、下記の無人航空機を飛行させる者が下記のとおり飛行させることについて、申請書のとおり許可及び承認する。

記

許可及び承認事項：　航空法第132条第1項第２号
航空法第132条の２第１項第５号、第６号及び第７号

許可等の期間：　令和 年 月 日から令和 年 月 日

飛行の経路：　日本全国（飛行マニュアルに基づき地上及び水上の人及び物件の安全が確保された場所に限る）

無人航空機：　DJI製DJI FPV

無人航空機を飛行させる者：

条件：

- 申請書に記載のあった飛行の方法、条件等及び申請書に添付された飛行マニュアルを遵守して飛行させること。また、飛行の際の周囲の状況、天候等に応じて、必要な安全対策を講じ、飛行の安全に万全を期すこと。
- 航空機の航行の安全並びに地上及び水上の人及び物件の安全に影響を及ぼすような重要な事情の変化があった場合は、許可等を取り消し、又は新たに条件を付すことがある。
- 許可等の期間において3ヶ月ごと及び許可等の期間終了後に、飛行実績を報告すること。

令和 年 月 日

東京航空局長　吉田　耕一郎

4　郵送申請の流れ

①申請書の案を作成する

郵送申請はいきなり申請書を作成して郵送ではなく、まずはメールで申請書を案の段階で事前審査をしてもらいます。最初から郵送で申請書を送付しても一応受け付けてくれるのですが、申請書に不備があった場合は修正して提出し直さないといけないので、郵送の時間を含めて許可までの期間が非常に長くなってしまいます。

初めての申請では不備が出てしまう可能性が高いので、メールで事前に審査をしてもらいましょう。申請をしている方のほとんどが、メールで事前審査をしてもらっています。

メールで送る申請書の案は、ＭｉｃｒｏｓｏｆｔＷｏｒｄデータで作成することが一般的です。オンライン申請と違って申請書をデータに打ち込みながら作成するので少し大変かもしれませんが、オンライン申請より内容を理解しやすい点と、自由に文書をつくれるので、補足説明やケースバイケースでの安全対策など、柔軟な申請ができることがメリットです。オンライン申請では不可能な内容の申請も、郵送申請で行うことができます。

しかし、オンライン申請のシステムも少しずつ改善され、柔軟な申請ができるようになってきています。今後はオンライン申請が増えるでしょう。国土交通省もオンライン申請を推奨しています。

②整理番号のお知らせ

メールで申請書の案を送付すると、申請先から「受付を行いました」というメールが届きます。メールの中には整理番号が記載されています。申請窓口によっては整理番号のお知らせがないこともあります。

③申請書の修正依頼

整理番号のお知らせがきた後は、不備があれば申請先から「不備があるので修正（補正）してください」という内容の修正依頼メールが届きます。

不備内容は原則メールに添付されているＷｏｒｄデータで届きますが、申請窓口によってはメール内の文章に不備内容が記載されています。

④申請書の原本送付依頼

審査が終わり問題ないことを確認できたら、許可書発行の手続に入ります。申請先からは申請書原本の送付依頼がメールで来ます。申請書原本とは、申請書すべてのページを印刷したものです。

この申請書原本を返信用封筒と一緒に申請窓口に郵送すると、紙の許可書が返送されます。申請窓口によっては、この申請書原本の郵送が不要で、事実上のメールでの申請という窓口もあります。

申請書原本の郵送が不要でも、許可書を発送していただくための返信用封筒の郵送は必要です。

郵送申請の場合の運用は申請窓口によって特徴があり、時間が経つにつれて変わっていくので注意が必要です。

２０２１年６月時点では、多くの窓口で申請書の原本を郵送しなくてもよいよう、メールのみでほとんど完結するように調整しています。事前にメールで内容を確認している申請書をわざわざ印刷して郵送することが非効率だからです。

ちなみに申請書には押印も不要です。ただ、返信用封筒の郵送は必要なので、忘れないようにしましょう。

5　飛行日までのスケジュール管理について

業務では事前に関係者に許可までにかかる期間を伝えましょう

ドローンを業務で飛ばすときに、依頼者や飛行関係者が許可までにどれくらいの期間がかかるのかを知らないケースが多くあります。そもそも、どのようなときに許可が必要なのかということを知らない人もいるので、トラブル防止のために必ず事前に関係者に説明しておくようにしましょう。

飛行許可が必要なケースで、まだ許可を取得していないのに明日飛ばしてほしいと言われることや、許可されない飛ばし方を業務上要求されるということも日常茶飯事です。

許可申請に慣れていない場合は、許可までにかかる期間は余裕を持って伝えましょう。インターネットやＳＮＳなどでは1～2週間で許可が簡単に取れるという情報もあるため、すぐ許可を取れると思っていることもあります。許可自体の取得ではなく業務に必要な申請内容を理解して、適切な許可を取得するのであれば、1か月は期間を見ておきましょう。

イベントなどの個別具体的な申請は特に時間がかかるので、許可取得が間に合わない場合はイベント自体の日程をずらす必要があることを事前に伝えるなど、スケジュール管理が重要になってきます。

ドローンに精通している行政書士に依頼するのも選択肢の1つ

行政書士はお金をいただいてドローンの飛行許可を業務として代わりに申請してくれたり、相談に乗ってくれたりする専門家です。ドローンに詳しい行政書士に申請をお願いすると、この1か月という期間は短くなることがほとんどで、しっかりとヒヤリングをしてから行う適切な申請に加えて情報更新が激しいルールについての有益な情報を提供してくれることもあります。

ただ、この1か月という期間が1～2日になるということは絶対にありません。国土交通省が決めた10開庁日より極端に短い期間で許可が出るとなると、不公平ですよね。専門知識はもちろん、時間がなかったりコンプライアンスの視点で不安だったりする場合は、ドローンに精通している行政書士に申請をお願いするということは選択肢の1つとしてよいと思います。

ちなみに行政書士以外の方がお金をいただいて、業務としてドローンの許可申請を代わりに申請したり、相談に乗ったりすると、法律違反になってしまうので気を付けましょう。行政書士はドローン以外にも沢山業務の種類があるので、ドローンに精通している方に依頼をすることも大切です。

最低限、本書の内容については即回答してくれる行政書士に依頼することをおすすめします。

飛行許可の取得を行政書士に依頼するときの注意点

結論から言うと、ドローンの飛行許可申請に精通している行政書士に依頼することに尽きます。法律などのルールについてはもちろん、ドローン自体の知識や申請窓口の状況など、常日頃飛行許可申請を行っている行政書士であれば更によいです。

飛行許可申請の制度は発展途上で変化が激しいので、その変化に付いていける行政書士でなければいけません。行政書士に個別具体的に相談したときに、許可を取得できるのかどうか明確な回答が返ってくると安心できますよね。他には許可の要件を事前に確認すること、許可後に許可書だけでなく申請内容を共有してもらうこと、許可の内容をしっかり説明してくれるかどうかも重要です。

許可書だけだと申請内容がわからず、どのような飛行方法や条件で飛ばしたらいいかがわからないからです。許可書の情報だけでドローンを飛ばすのは、自動車で高速道路を目隠しして逆走するくらい危険です。オンライン申請の場合は作成したアカウントのＩＤとパスワード、郵送申請の場合は飛行マニュアルを含む申請書類一式を共有してもらい、わからない部分があれば都度行政書士に相談し、説明を受けるようにしましょう。

第3章　必見！　飛行許可申請丸わかりガイド

1　許可申請に必要な情報を確認しよう

審査要領をチェックして、必要な情報や要件を確認しましょう

審査要領というのは、「ドローン飛行許可申請をするときの審査基準が詳細に書いてある手引きのようなもの」と説明しました。読んでみても意味不明な呪文のように感じる人も多いと思うので、申請に必要な情報のイメージがつくようにざっくりと説明していきます。

許可は個人でも法人でも取得できる

許可は個人でも法人（企業・団体）でも取得できます。もしルール違反をして無許可でドローンを飛ばしたりした場合は、ドローンを飛ばした人はもちろん、法人も罰を受ける可能性があります。許可書にも個人・法人名が表示されます。

許可に必要な情報を確認する

申請に必要な情報は許可内容によって変わります。例えばイベント場所の上空で飛ばす場合は、飛ばす高度に応じて原則立入禁止区画を決めなければいけません。また農業用の農薬を撒くために飛ばすのであれば、専用のドローンを準備しなければいけません。

オンライン申請の場合は、許可内容を入力すると、どのような情報が必要なのかが自動的に出てくるので少し申請は楽になります。

許可内容自体の入力にミスがあったり、そもそも許可内容が飛ばす内容と合っていなかったりする場合は、前提から間違ってしまうことになるので、注意が必要です。

2　包括申請と個別申請

包括申請とは

包括申請とは継続的にドローンを飛ばす場合に許可期間を1年、飛ばす範囲を日本全国とする申請です。この申請方法は全国包括申請とも呼ばれています。厳密に言うと、ちょっと違うのですが、業務上も包括申請という言葉は、ほとんどこの意味で使用されています。

飛ばせる範囲は広いですが、飛ばす目的とシチュエーションによって制限がかかってしまうこともあります。

個別申請とは

包括申請とは別に、許可期間や飛ばす範囲（経路）を特定して申請する方法を個別申請と呼ばれています。ドローンを飛ばすケースごとに個別具体的に申請をします。包括申請では飛ばせないシチュエーションでも飛ばせる内容も多いですが、許可期間や飛ばす範囲に制限がかかってしまうので、原則案件ごとに許可申請をしなければいけません。

個別申請を必要としない場合は、包括申請をしましょう。毎年、飛行許可申請の数が増加していて、国土交通省も審査に時間がかかり大変だからです。

個別申請をしなければいけないケース

このようなケースは包括申請ができないシチュエーションなので、一部の飛行目的で飛ばす場合を除き、個別申請をしなければいけません。

・空港などの周辺の空域での飛行
・地表または水面から150m以上の空域での飛行
・人口集中地区（ＤＩＤ地区）内での夜間飛行
・夜間での目視外飛行
・補助者を配置しない（1人での）目視外飛行
・趣味目的での飛行
・研究開発（実証実験）目的での飛行
・イベント上空での飛行
・緊急用務空域での飛行（原則許可は出ません）

３　申請窓口と取得する許可の内容を確認しよう

申請窓口の確認方法

申請窓口は包括申請と個別申請で窓口が違います。包括申請の場合は、申請する人（企業）の住所が東西のどちらにあるかで申請窓口が分かれています。

具体的には新潟県・長野県・静岡県より東の場合は国土交通省の東京航空局、富山県・岐阜県・愛知県より西の場合は国土交通省の大阪航空局が申請窓口になります。

個別申請の場合は、飛行場所が東西のどちらにあるかで窓口が決まります。飛行場所が東の場合は東京航空局、西の場合は大阪航空局です。もし飛行場所が東西にまたがっている場合は、包括申請と同じように申請する人（企業）の住所が東西のどちらにあるのかで申請窓口が決まります。

空港などの周辺の空域と地表または水面から１５０ｍ以上の空域でドローンを飛ばす場合は、人が乗っている航空機との調整も必要なので、管轄の空港事務所というところが申請窓口になっています。どの申請窓口でも郵送申請とオンライン申請ができます。

※２０２１年１０月から、空港事務所の窓口も包括申請と同じように東西に分かれます。具体的にはドローンを飛ばす場所が新潟県・長野県・静岡県より東の場合は国土交通省の東京空港事務所、富山県・岐阜県・愛知県より西の場合は国土交通省の関西空港事務所が申請窓口になります。

最も多い許可申請の内容

全国包括申請が現在最も申請数が多く、飛行許可申請の王道と言える申請です。業務でドローンを飛ばす方は、ほとんどこの内容で申請しているので、覚えておきましょう。

①飛ばす範囲が全国
②飛ばす期間が1年間
③飛行させる高さは地表または水面から150m未満
④人口集中地区（DID地区）内での飛行
⑤夜間での飛行
⑥目視外（FPV）飛行
⑦人または物件から30m以上の距離を保てない状況での飛行

これらをすべて含めた申請が現在のスタンダードです。

4 ホームページ掲載機と技能認証とは

ホームページ掲載機とは

許可申請で重要なので、もう一度触れます。ホームページ掲載機とは、許可申請の審査が楽になるドローンのことです。

国土交通省のホームページに「資料の一部を省略することができる無人航空機」というタイトルで国土交通省に機能と性能が認められたドローンのリストが掲載されています（図表15～17）。国土交通省のホームページに掲載されているので、「ホームページ掲載機」とも呼ばれています。

このリストは新しいドローンが国土交通省に認められる度に更新されていきます。１年間に何度か更新されるので、申請するドローンが国土交通省に認められているかどうか、事前に国土交通省のホームページでチェックするようにしましょう。

このリストに掲載されているドローンは、申請するときに機体資料の一部を省略することができます。具体的にはドローンの写真、性能や飛行方法についての情報（説明書など）です。

技能認証とは

技能認証とは、国土交通省で決めた一定の基準を満たし、国土交通省のホームページに掲載されたドローンスクールが行う技能（実技）試験のことです。

この試験に合格すると、ドローンスクールから証明書が発行されます。許可申請をするときにこの証明書情報を一緒に提出すると、操縦者についての資料の一部を省略することができます。10時間以上の操縦経験や、知識面をドローンスクールで既に学んでいるからです。

ただし、技能認証は申請に役立ちますが、飛行許可を取得するために証明書は必須ではありません。その点はくれぐれも誤解しないようにご注意ください。

【図表25　国土交通省：無人航空機（ドローン・ラジコン機等）の飛行ルール】

5　申請書の見方

郵送申請とオンライン申請で異なる注意点

具体的な申請書の見方を解説していきます。こちらの申請書のフォーマットは国土交通省のホームページからダウンロードすることができます。申請書のフォーマットは頻繁に更新されるので、郵送申請の場合は申請時に国交省のホームページで最新のフォーマットをチェックするようにしましょう。

フォーマット以外でも国土交通省のホームページでドローンについて記載されている情報は、常に新しい内容やお知らせが来ていないか申請前にチェックする癖をつけることをおすすめします。

オンライン申請の場合は、入力した内容が自動的に申請書に反映されるので、フォーマット更新の有無をチェックする必要はありません。ですが、オンライン申請は選択ミスや選択漏れなどで自分が思っていた内容と違う許可書が出てくることがあるので、できあがった申請書の内容が間違いないか必ず申請前に確認しましょう。

ここで「記入」と書いてあるものは、オンライン申請の場合は「入力、または選択」と置き換えていただければ違和感なく読み進めていけるはずです。


（様式１）無人航空機の飛行に関する許可・承認申請書（図表26〜図表29）


まずは申請書を上から順に見ていきます。

新規・更新・変更のどれかにチェックを入れます。更新は申請内容が全く変わらず、許可の期間だけ更新する場合にチェックを入れます。変更はドローン・操縦者・飛行マニュアルが変わる場合にチェックを入れます。それ以外はすべて新規にチェックを入れます。

次に申請先に応じて申請先の長を記入します。包括申請の場合は東京航空局長または大坂航空局長、空港事務所が窓口の場合は○○空港事務所（管轄の空港事務所名）長と記入します。
※空港事務所が窓口の場合は２０２１年１０月から、東京空港事務所長または関西空港事務所長のどちらかを記入します。
申請者名の氏名（名称）・住所・連絡先欄を記入します。住所は必ず都道府県名から記入し、連絡先はメールアドレスと電話番号の両方を記入しましょう。

飛行の目的欄は、ドローンを飛ばす目的をチェックしていきます。この目的欄にチェックがない内容では原則飛ばすことができません。訓練・趣味・研究開発目的では包括申請できないので注意

【図表 26　無人航空機の飛行に関する許可・承認申請書①】

（様式１）

年　　月　　日

無人航空機の飛行に関する許可・承認申請書

□新規　□更新[※1]　□変更[※2]

殿

氏名又は名称
及び住所
並びに法人の場合は代表者の氏名
（連絡先）

航空法（昭和 27 年法律第 231 号）第 132 条第２項第２号の規定による許可及び同法第 132 条の２第２項第２号の規定による承認を受けたいので、下記のとおり申請します。

<table>
<tr><td colspan="2" rowspan="4">飛行の目的</td><td>□業務</td><td colspan="4">□空撮　□報道取材　□警備　□農林水産業
□測量　□環境調査　□設備メンテナンス
□インフラ点検・保守　□資材管理　□輸送・宅配
□自然観測　□事故・災害対応等</td></tr>
<tr><td colspan="5">□趣味</td></tr>
<tr><td colspan="5">□研究開発</td></tr>
<tr><td colspan="5">□その他（　　　　　　　　　　　）</td></tr>
<tr><td colspan="2">飛行の日時[※3]</td><td colspan="5"></td></tr>
<tr><td colspan="2">飛行の経路[※4]
（飛行の場所）</td><td colspan="5"></td></tr>
<tr><td colspan="2">飛行の高度</td><td colspan="2">地表等からの高度</td><td>m</td><td>海抜高度</td><td>m</td></tr>
<tr><td rowspan="2">申請事項及び理由</td><td rowspan="2">飛行禁止空域の飛行（第 132 条関係）</td><td colspan="5">□航空機の離陸及び着陸が頻繁に実施される空港等で安全かつ円滑な航空交通の確保を図る必要があるものとして国土交通大臣が告示で定めるものの周辺の空域であって、当該空港等及びその上空の空域における航空交通の安全を確保するために必要なものとして国土交通大臣が告示で定める空域（空港等名称　　　　　　　）
□進入表面、転移表面若しくは水平表面若しくは延長進入表面、円錐表面若しくは外側水平表面の上空の空域又は航空機の離陸及び着陸の安全を確保するために必要なものとして国土交通大臣が告示で定める空域（空港等名称　　　　　　　）
□地表又は水面から 150m 以上の高さの空域
□人又は家屋の密集している地域の上空</td></tr>
<tr><td colspan="5">【飛行禁止空域を飛行させる理由】</td></tr>
</table>

してください。訓練目的、目的がどの項目にも当てはまらない場合は、その他に記入します。

飛行の日時欄は、ドローンを飛ばす期間を記入します。飛ばす内容によっては、日時を具体的に記入する必要があります。

飛行の経路（飛行の場所）欄は、ドローンを飛ばす範囲を記入します。陸地での最大の飛行範囲は日本全国です。飛ばす内容によっては、場所を特定して記入する必要があります。

飛行の高度の地表等からの高度欄には、ドローンを飛ばすときの最大高度を記入します。原則、地表または水面から150m未満が包括申請での最大高度です。

海抜高度欄は、包括申請の場合は記入する必要はありません。空港やヘリポートの近くで飛ばす場合と、地表または水面から150m以上飛ばす場合に入力が必要です。

申請事項及び理由欄は、許可が必要な9パターンの内容と飛ばす理由を記入します。

新規申請および変更申請の記入の仕方

「無人航空機の製造者、名称、重量その他の無人航空機を特定するために必要な事項」・「無人航空機の機能及び性能に関する事項」・「無人航空機の飛行経歴並びに無人航空機を飛行させるために必要な知識及び能力に関する事項」の3つの欄は、新規申請の場合は「別添資料のとおり」にチェックしてください。変更申請で前回の申請から変更がない場合は「変更申請であって、かつ、左記事項に変更がない」にチェックを入れます。

【図表 27　無人航空機の飛行に関する許可・承認申請書②】

	飛行の方法（第 132 条の 2 関係）	□夜間飛行　□目視外飛行 □人又は物件から 30m以上の距離が確保できない飛行 □催し場所上空の飛行　□危険物の輸送　□物件投下
		【第 132 条の 2 第 1 項第 5 号から第 10 号までに掲げる方法によらずに飛行させる理由】
無人航空機の製造者、名称、重量その他の無人航空機を特定するために必要な事項		□別添資料のとおり。 □変更申請であって、かつ、左記事項に変更がない。
無人航空機の機能及び性能に関する事項		□別添資料のとおり。 □変更申請であって、かつ、左記事項に変更がない。
無人航空機の飛行経歴並びに無人航空機を飛行させるために必要な知識及び能力に関する事項		□別添資料のとおり※5。 □変更申請であって、かつ、左記事項に変更がない。
無人航空機を飛行させる際の安全を確保するために必要な体制に関する事項		□航空局標準マニュアルを使用する。 □航空局ホームページ掲載されている以下の団体等が定める飛行マニュアルを使用する。 団体等名称： 飛行マニュアル名称： □上記以外の飛行マニュアル（別添）を使用する。 □変更申請であって、かつ、左記事項に変更がない。
その他参考となる事項		【変更又は更新申請に関する現に有効な許可等の情報】 許可承認番号： 許可承認日： ※許可承認書の写しを添付すること。

（次頁に続く）

「無人航空機を飛行させる際の安全を確保するために必要な体制に関する事項」の欄には、使用する飛行マニュアルをチェックします。飛行マニュアルは、申請書の添付書類です。新規申請の場合は「航空局標準マニュアルを使用する」または「上記以外の飛行マニュアル（別添）を使用する」をチェックします。

航空局ホームページ掲載されている以下の団体等が定める飛行マニュアルについては、現時点では存在しませんので、無視して問題ありません。今後は団体（管理団体・講習団体）等が定める飛行マニュアルも航空局が随時認定し、選択することができるようになる予定です。

変更申請で前回の申請から変更がない場合は「変更申請であって、かつ、左記事項に変更がない。」にチェックを入れます。航空局標準マニュアルを使用する場合は、申請書に飛行マニュアルを添付する必要がありません。

その他参考となる事項欄の記入の仕方

その他参考となる事項欄には、保険の加入状況、空港事務所へ許可申請をするときに記入する空港設置管理者や空域を管轄する関係機関との調整結果、イベント上空の許可申請をするときに記入するイベント主催者等との調整結果などを記入します。

備考欄には緊急連絡先の担当者と電話番号を記入します。緊急連絡先には、国土交通省は事故発生時などの緊急時に操縦者と連絡が取れる携帯電話番号等を記入することを推奨しています。

【図表 28　無人航空機の飛行に関する許可・承認申請書③】

その他参考となる事項	【第三者賠償責任保険への加入状況】 □加入している（□対人　□対物） 保険会社名： 商　品　名： 補 償 金 額：（対人）　　　（対物） □加入していない
	【空港設置管理者等又は空域を管轄する関係機関との調整結果（航空法第 132 条第 1 項第 1 号に掲げる空域における飛行に限る。）】 □空港設置管理者等 調整機関名： 調 整 結 果： □空域を管轄する関係機関 調整機関名： 調 整 結 果：
	【催しの主催者等との調整結果（催し場所上空の飛行に限る。）】 催 し 名 称： 主催者等名： 調 整 結 果：
備　　考	【緊急連絡先】 担当者　： 電話番号：

（次頁に続く）

【図表 29　無人航空機の飛行に関する許可・承認申請書④】

※１　更新申請とは、許可等の期間の更新を受けようとする場合の申請。

※２　変更申請とは、許可等を取得した後に「無人航空機の製造者、名称、重量その他の無人航空機を特定するために必要な事項」、「無人航空機の機能及び性能に関する事項」、「無人航空機の飛行経歴並びに無人航空機を飛行させるために必要な知識及び能力に関する事項」又は「無人航空機を飛行させる際の安全を確保するために必要な体制に関する事項」の内容の一部を変更する場合の申請。

※３　次の飛行を行う場合は、飛行の日時を特定し記載すること。それ以外の飛行であって飛行の日時が特定できない場合には、期間及び時間帯を記載すること。

・人又は家屋の密集している地域の上空で夜間における目視外飛行

・催し場所の上空における飛行

※４　次の飛行を行う場合は、飛行の経路を特定し記載すること。それ以外の飛行であって飛行の経路を特定できない場合には、飛行が想定される範囲を記載すること。

・航空機の離陸及び着陸が頻繁に実施される空港等で安全かつ円滑な航空交通の確保を図る必要があるものとして国土交通大臣が告示で定めるものの周辺の空域であって、当該空港等及びその上空の空域における航空交通の安全を確保するために必要なものとして国土交通大臣が告示で定める空域、その他空港等における進入表面等の上空の空域又は航空機の離陸及び着陸の安全を確保するために必要なものとして国土交通大臣が告示で定める空域における飛行

・地表又は水面から 150m以上の高さの空域における飛行

・人又は家屋の密集している地域の上空における夜間飛行

・夜間における目視外飛行

・補助者を配置しない目視外飛行

・催し場所の上空の飛行

・趣味目的での飛行

・研究開発目的での飛行

※５　航空局ホームページに掲載されている団体等が技能認証を行う場合は、当該認証を証する書類の写しを添付すること。なお、当該写しは、発行した団体名、操縦者の氏名、技能の確認日、認証された飛行形態、無人航空機の種類が記載されたものであることに留意すること。

【図表30　飛行の経路】

（参考様式）
別添資料○

飛行の経路

（詳細図）

飛行の経路

場所を特定した個別申請をする場合に、飛行の経路や補助者の配置などの飛行場所の詳細がわかる詳細図を添付します（図表30）。

例えばイベント上空での申請では、「飛行範囲」「立入禁止区画」「水平距離」「観客の位置」「飛行高度」を図の説明を交えて図示する必要があります。

空港やヘリポートの周辺、地表または水面から１５０ｍ以上の上空での申請では、「飛行範囲の緯度経度」を記入しなければいけません。

包括申請の場合は図の添付は不要です。図は国土地理院地図やグーグルマップなどの地図を切り抜いて編集したもので構いません。

無人航空機の製造者、名称、重量等

申請するすべてのドローンについて記入が必要です。ドローンの製造者名、名称、重量、製造番号等、仕様がわかる資料（設計図または写真）と所有者情報をドローンごとに記入していきます（図表31）。

製造番号等は、メーカーが指定する番号だけでなく、自分で設定した番号でも問題ありません。その設定した番号をドローンに表示しないといけないので、忘れないようにしましょう。製造番号等についてはドローンの機体登録制度の整備と共に、今後製造番号等の取り扱いも変わる予定です。

航空局ホームページに掲載されているドローンを申請する場合は、仕様がわかる資料（設計図または写真）を省略することができます。省略できる場合は、資料を添付・記入する欄に「資料の一部を省略することができる無人航空機に該当するため省略」と記入します。

DJIの多くのドローンは航空局ホームページに掲載されています。航空局ホームページに掲載されているドローンでも、改造をした場合は資料の省略ができなくなるので注意してください。

（様式2）無人航空機の機能・性能に関する基準適合確認書

申請するすべてのドローンについて記入が必要です（図表32）。

1の欄には、飛ばすドローンの製造者名、名称、重量、製造番号等を記入します。

2の欄には、航空局ホームページに掲載されているドローンの場合のみ改造の有無をチェックします。

3の欄には、航空局ホームページに掲載されているドローンで改造を行っている場合と、航空局ホームページに掲載されていないドローンを申請する場合にチェックを入れます。

【図表 31　無人航空機の製造者、名称、重量等】

（参考様式）

別添資料○

無人航空機の製造者、名称、重量等

無人航空機	製造者名		
	名称		
	重量 （最大離陸重量）		
	製造番号等		
	仕様が分かる資料 （設計図又は写真）		
	所有者	氏名又は名称	
		住所	
		連絡先	
操縦装置	製造者名		
	名称		
	仕様が分かる資料		

【図表 32　無人航空機の機能・性能に関する基準適合確認書】

（様式２）

無人航空機の機能・性能に関する基準適合確認書

１．飛行させる無人航空機に関する事項を記載すること。

製造者名		名　称	
重量※1		製造番号等	

２．ホームページ掲載無人航空機の場合には、改造を行っているかどうかを記載し、「改造している」場合には、３．の項も記載すること。

改造の有無　　：　□改造していない　／　□改造している（→改造概要及び３．を記載）

改　造　概　要

３．ホームページ掲載無人航空機に該当しない場合又はホームページ掲載無人航空機であっても改造を行っている場合は、次の内容を確認すること。

	確認事項	確認結果
一般	鋭利な突起物のない構造であること（構造上、必要なものを除く。）。	□適 ／ □否
	無人航空機の位置及び向きが正確に視認できる灯火又は表示等を有していること。	□適 ／ □否
	無人航空機を飛行させる者が燃料又はバッテリーの状態を確認できること。	□適 ／ □否
遠隔操作の機体※2	特別な操作技術又は過度な注意力を要することなく、安定した離陸及び着陸ができること。	□適 ／ □否／ □該当せず
	特別な操作技術又は過度な注意力を要することなく、安定した飛行（上昇、前後移動、水平方向の飛行、ホバリング（回転翼機）、下降等）ができること。	□適 ／ □否／ □該当せず
	緊急時に機体が暴走しないよう、操縦装置の主電源の切断又は同等な手段により、モーター又は発動機を停止できること。	□適 ／ □否／ □該当せず
	操縦装置は、操作の誤りのおそれができる限り少ないようにしたものであること。	□適 ／ □否／ □該当せず
	操縦装置により適切に無人航空機を制御できること。	□適 ／ □否／ □該当せず
自動操縦の機体※3	自動操縦システムにより、安定した離陸及び着陸ができること。	□適 ／ □否／ □該当せず
	自動操縦システムにより、安定した飛行（上昇、前後移動、水平方向の飛行、ホバリング（回転翼機）、下降等）ができること。	□適 ／ □否／ □該当せず
	あらかじめ設定された飛行プログラムにかかわらず、常時、不具合発生時等において、無人航空機を飛行させる者が機体を安全に着陸させられるよう、強制的に操作介入ができる設計であること。	□適 ／ □否／ □該当せず

※１　最大離陸重量の形態で確認すること。ただし、それが困難な場合には、確認した際の重量を記載すること。

※２　遠隔操作とは、プロポ等の操縦装置を活用し、空中での上昇、ホバリング、水平飛行、下降等の操作を行うことをいう。遠隔操作を行わない場合には「該当せず」を選択すること。

※３　自動操縦とは、当該機器に組み込まれたプログラムにより自動的に操縦を行うことをいう。自動操縦を行わない場合には「該当せず」を選択すること。

【図表 33　無人航空機の運用限界等】

（参考様式）
別添資料○

無人航空機の運用限界等

（運用限界）

最高速度	
最高到達高度	
電波到達距離	
飛行可能風速	
最大搭載可能重量	
最大使用可能時間	

（飛行させる方法）

無人航空機の運用限界等

申請するすべてのドローンについて記入が必要です。ここにはドローンの性能について記載していきます。具体的には、最高速度、飛行可能な風速や操縦方法についてです。

ドローンの取扱説明書などを見て記入していきます。記入する替わりに取扱説明書のページを貼りつけても大丈夫です。

航空局のホームページに掲載されているドローンを申請する場合は（運用限界）と（飛行させる方法）両方に「資料の一部を省略することができる無人航空機」に該当するため省略、と記入します。

航空局のホームページに掲載されているドローンでも改造している場合は、2つのパターンに分かれます。改造していても飛行性能に影響がない場合は、「改造は○○の装備（改造の概要を記載してください）のみであり、機体の飛行性能に影響はない。当該機は資料の一部を省略することができる無人航空機に該当するため省略」と記入します。

飛行性能に影響がある場合は資料を省略できないので、改造が飛行性能に与える影響と改造したドローンの性能について記入する必要があります。

無人航空機の追加基準への適合性

申請するドローンが追加基準を満たしているかどうか確認、記入していきます（図表34）。追加基準というのは、人口集中地区内での飛行、夜間飛行や目視外飛行などの許可の項目それぞれ決まっている基準です。

適合性の欄に文章と写真・図面などで説明していきます。例えば、人口集中地区内での飛行では原則プロペラガードを付けて飛ばさなければいけません。夜間飛行ではドローンの向きが見てわかるようなライト（灯火）が付いているドローンを使わなければいけません。

航空局のホームページに掲載されているドローンは、ここでも資料の一部を省略することができます。省略できる場合は、適合性の欄には「資料の一部を省略することができる無人航空機に該当するため省略」と記入します。

省略できる許可項目はドローンごとにA～Gの項目が決まっていて、「資料を省略することができる無人航空機一覧」で確認することができます。この一覧も度々更新されるので、許可申請をする前に、国土交通省のホームページで最新の一覧をチェックするようにしましょう。

【図表 34　無人航空機の追加基準への適合性①】

別添資料○

無人航空機の追加基準への適合性

※許可や承認を求める事項に応じて、必要な部分を抽出して（不要な部分は削除して）資料を作成してください。
※仮に、基準への適合性が困難な場合には、代替となる安全対策等を記載するなど、安全を損なうおそれがない理由等を記載してください。

○１号告示空域

基　準	適合性
航空機からの視認をできるだけ容易にするため、灯火を装備すること又は飛行時に機体を認識しやすい塗色を行うこと。	
（進入表面若しくは転移表面の下の空域又は空港の敷地の上空の空域であって、人口集中地区の上空に該当する場合）	
第三者及び物件に接触した際の危害を軽減する構造を有すること。	

○進入表面等の上空の空域を飛行
○１５０m以上の高さの空域を飛行

基　準	適合性
航空機からの視認をできるだけ容易にするため、灯火を装備すること又は飛行時に機体を認識しやすい塗色を行うこと。	

○人又は家屋の密集している地域の上空を飛行（第三者上空の飛行以外）
○人及び物件との距離３０ｍを確保できない飛行（第三者上空の飛行以外）

基　準	適合性
第三者及び物件に接触した際の危害を軽減する構造を有すること。	

○催し場所上空での飛行（第三者上空の飛行以外）

基　準	適合性
第三者及び物件に接触した際の危害を軽減する構造を有すること。	
飛行が想定される運用により、10回以上の離陸及び着陸を含む3時間以上の飛行実績を有すること。	

○夜間飛行

基　準	適合性
無人航空機の姿勢及び方向が正確に視認できるよう灯火を有していること。ただし、無人航空機の飛行範囲が照明等で十分照らされている場合はこの限りでない。	

○目視外飛行

基　準	適合性
自動操縦システムを装備し、機体に設置されたカメラ等により機体の外の様子を監視できること。	
地上において、無人航空機の位置及び異常の有無を把握できること（不具合発生時に不時着した場合を含む。）。	
不具合発生時に危機回避機能（フェールセーフ機能）が正常に作動すること。	

○危険物の輸送

基　準	適合性
危険物の輸送に適した装備が備えられていること。	

○物件の投下

基　準	適合性
不用意に物件を投下する機構でないこと。	

【図表35　無人航空機を飛行させる者一覧】

別添資料○

無人航空機を飛行させる者一覧

No	氏　名	住所	飛行させることができる無人航空機	備考

無人航空機を飛行させる者一覧

ドローンの操縦者に関係する情報を記入していきます（図表35）。具体的には、操縦者の氏名・個人の住所・飛ばすことができるドローンの機種です。

備考欄には、技能認証を受けている場合に技能認証名を入力します。繰り返しになりますが、技能認証とは「国土交通省で決めた一定の基準を満たし、国土交通省のホームページに掲載されたドローンスクールが行う技能（実技）試験」のことです。この試験に合格すると証明書が発行されます。

許可申請をするときにこの証明書情報を提出すると、操縦者資料の一部を省略することができます。10時間以上の操縦経験や、知識面をドローンスクールで既に学んでいるからです。

具体的に省略できる資料は、（様式3）無人航空機を飛行させる者に関する飛行経歴・知識・能力確認書と無人航空機を飛行させる者の追加基準への適合性の部分です。

ただし、国土交通省のホームページに掲載されていないドローンスクールが行う技能試験に合格しても、操縦者資料を省略することはできません。また国土交通省のホームページに掲載されているドローンスクールが行う技能試験でも、国土交通省に認められていない内容の技能試験の場合は、合格したとしても同様に認められませんので注意してください。

（様式３）無人航空機を飛行させる者に関する飛行経歴・知識・能力確認書

ドローンの飛行経歴・知識と能力について、操縦者全員分記入していきます（図表36）。国土交通省のホームページに掲載されているドローンスクールが行う、国土交通省の確認を受けている技能試験に合格している場合は、こちらの記入は必要ありません。ドローンスクールで既に飛行経歴・知識と能力を確認されているからです。

具体的な主な確認項目は、ドローンの種類別に10時間以上の飛行経歴を持っていること、航空法などのルールについての知識、ドローンを安全に飛ばすための知識、飛ばす前の確認、プロポを使った遠隔操作や自動操縦システムを使いこなせることです。

現在、既製品のドローンはプロポを使った遠隔操作で操縦しています。自動操縦を使わない場合は、適否の選択をする必要はありません。その他の（様式３）にある項目は、原則すべて満たしていることが必要です。満たさない場合は、替わりの安全対策などを記入し、説明しなければいけません。

【図表 36　無人航空機を飛行させる者に関する飛行経歴・知識・能力確認書】

（様式３）

無人航空機を飛行させる者に関する飛行経歴・知識・能力確認書

無人航空機を飛行させる者　：　○○　○○

確認事項			確認結果
飛行経歴		無人航空機の種類別に、10時間以上の飛行経歴を有すること。	□適 / □否
知識		航空法関係法令に関する知識を有すること。	□適 / □否
		安全飛行に関する知識を有すること。 ・飛行ルール（飛行の禁止空域、飛行の方法） ・気象に関する知識 ・無人航空機の安全機能（フェールセーフ機能　等） ・取扱説明書等に記載された日常点検項目 ・自動操縦システムを装備している場合には、当該システムの構造及び取扱説明書等に記載された日常点検項目 ・無人航空機を飛行させる際の安全を確保するために必要な体制 ・飛行形態に応じた追加基準	□適 / □否
能力	一般	飛行前に、次に掲げる確認が行えること。 ・周囲の安全確認（第三者の立入の有無、風速・風向等の気象　等） ・燃料又はバッテリーの残量確認 ・通信系統及び推進系統の作動確認	□適 / □否
	遠隔操作の機体※1	GPS等の機能を利用せず、安定した離陸及び着陸ができること。	□適 / □否
		GPS等の機能を利用せず、安定した飛行ができること。 ・上昇 ・一定位置、高度を維持したホバリング（回転翼機） ・ホバリング状態から機首の方向を90°回転（回転翼機） ・前後移動 ・水平方向の飛行（左右移動又は左右旋回） ・下降	□適 / □否
	自動操縦の機体※2	自動操縦システムにおいて、適切に飛行経路を設定できること。	□適 / □否
		飛行中に不具合が発生した際に、無人航空機を安全に着陸させられるよう、適切に操作介入ができること。	□適 / □否

※1　遠隔操作とは、プロポ等の操縦装置を活用し、空中での上昇、ホバリング、水平飛行、下降等の操作を行うことをいう。遠隔操作を行わない場合には「遠隔操作の機体」の欄の確認結果について記載は不要。

※2　自動操縦とは、当該機器に組み込まれたプログラムにより自動的に操縦を行うことをいう。自動操縦を行わない場合には「自動操縦の機体」の欄の確認結果について記載は不要。

上記の確認において、基準に適合していない項目がある場合には、下記の表に代替的な安全対策等を記載し、航空機の航行の安全並びに地上及び水上の人及び物件の安全が損なわれるおそれがないことを説明すること。

項目	代替的な安全対策等及び安全が損なわれるおそれがないことの説明

記載内容が多いときは、別紙として添付すること。

【図表37　無人航空機を飛行させる者一覧】

（参考様式）

別添資料○

無人航空機を飛行させる者の追加基準への適合性

以下のとおり、飛行させる者は飛行経験を有しており飛行マニュアルに基づいた飛行訓練を実施している。

飛行させる者：　＿○○　○○＿＿

総飛行時間：　＿＿＿＿＿時間

夜間飛行時間：　＿＿＿＿＿時間

目視外飛行時間：＿＿＿＿＿時間

物件投下経験：　＿＿＿＿＿回

無人航空機を飛行させる者の追加基準への適合性

ドローンの操縦者ごとに飛行経験を記入します（図表37）。

許可を取得するためには、最低10時間以上の飛行経験が必要です。そして、夜間飛行・目視外飛行については具体的な飛行経験時間の決まりはありませんが、あらかじめ飛行経験を積み、安定した飛行ができなければ許可を取得することができません。

物件投下許可を取得するためには5回以上の物件投下の経験が必要で、物件投下の前後で安定した機体の姿勢制御ができなければいけません。

飛行経験を積むときは、飛行許可が不要な屋内や、訓練目的の飛行許可を取得して、ドローンを飛ばす必要があります。

こちらも国土交通省のホームページに掲載されているドローンスクールが行う、国土交通省の確認を受けている技能試験に合格している場合は記入の必要はありません。

【図表 38　飛行マニュアル】

別添資料○

飛行マニュアル

※申請書記載例を参照の上、飛行マニュアルを作成してください。

飛行マニュアル

国土交通省で公表している航空局標準マニュアルを使用する場合は、飛行マニュアル（図表38）の添付は不要です。ただし、添付は不要ですが、許可を取得した後もこのマニュアルの内容を守って飛ばさなければなりません。

オンライン申請でも郵送申請でも形式上、許可申請をするときは申請書にチェックを入れるだけで済んでしまうため、絶対に熟読して内容を理解するようにしてください。

航空局標準マニュアル以外のマニュアルを使用する場合は、そのマニュアルをすべて申請書に添付する必要があります。飛行マニュアルは許可申請の中でも大事な部分なので、必ず覚えるようにしましょう。

6　飛行マニュアルを理解しよう

航空局標準マニュアルとは

国土交通省が作成した、飛行許可申請の審査で提出する標準のマニュアルです。安全を確保するための体制をこの飛行マニュアルで確認します。飛行許可を取得したときは、この飛行マニュアルを守ってドローンを飛ばさなければいけません。

本来は許可申請者が作成しないといけないのですが、国土交通省が安全確保のための最低限の内容を盛り込んだ標準のマニュアルを作成してくれています。そのままこのマニュアルを使用できます。

審査要領と同じように標準マニュアルもほぼ毎年内容が変わるので、許可申請する前に国土交通省のホームページで最新の標準マニュアルを確認するようにしましょう。

研究開発・空中散布・インフラ点検用など種類がいくつかあるのですが、多くの方が使用する通常の航空局標準マニュアルは、次の①と②の２種類です。

①場所を特定した個別申請用

②場所を特定しない包括申請用（図表39）

②の包括申請用の飛行マニュアルは個別申請では使用できません。例えば空港やヘリポートの近くの申請、イベント上空での申請です。

航空局標準マニュアル②で飛ばせない主なケース

航空局の標準マニュアル②では飛ばせないケースです。

要するに包括申請で航空局標準マニュアルを使用する場合に飛ばせないケースということです。

・風速５ｍ／ｓ以上の状態。

・第三者の往来が多い場所や学校、病院等の不特定多数の人が集まる場所の上空やその付近。

・高速道路、交通量が多い一般道、鉄道の上空やその付近。
・高圧線、変電所、電波塔及び無線施設等の施設付近。
・人口集中地区内での夜間飛行。
・人口集中地区内での目視外（ＦＰＶ）飛行。
・夜間での目視外（ＦＰＶ）飛行。
・補助者を配置しない（１人）での飛行。
・第三者上空での飛行。

航空局標準マニュアル①で飛ばせない主なケース

航空局標準マニュアル①で飛ばせないケースです。
個別申請で航空局標準マニュアルを使用する場合に飛ばせないケースです。

・風速５ｍ／ｓ以上の状態。
・夜間での目視外（ＦＰＶ）飛行。
・補助者を配置しない（１人）での飛行。
・第三者上空での飛行。

見比べるとわかりますが、航空局標準マニュアル①のほうは飛行の制限が少ないです。ただ、場所を特定して都度申請しなければいけないので、普段より余裕を持って許可申請をする必要があります。

これらのマニュアルもあくまで現時点での内容です。今後もどんどん変わっていきます。補助者なしでの飛行や第三者上空での飛行なども、将来的には可能にする方向で整備が進んでいます。常に最新の飛行マニュアルをよく読んで理解し、マニュアル通りにドローンを飛ばすことが重要です。

実際の航空局標準マニュアル②を見てみよう

航空局標準マニュアル②は、許可申請をするときに最も多く使われている飛行マニュアルです。それにもかかわらず内容について理解をしていない方や、そもそも許可を取得しているのにご覧になったことがない方がいらっしゃるのも事実です。

許可を取得したあともずっとお付き合いしなければならない非常に大事な内容なので、ドローンを飛ばす現場でもすぐ飛行マニュアルが思い浮かぶように、しっかり覚えてください。

特に、許可書には反映されない飛行方法について優先的に覚えるようにしましょう。例えば、「夜間での目視外飛行は行わない」と飛行マニュアルに書いてあります。包括申請では夜間飛行と目視外飛行の両方の許可を取得できます。しかし、夜間での目視外飛行ができないということは飛行マニュアルを確認しなければわかりません。

飛行マニュアルには色々種類がありますが、この航空局標準マニュアル②は業務でドローンを飛ばすときの基本となるマニュアルなので、覚えて損はしません。毎晩夢に出てくるくらい身近な存在になっていれば、もう大丈夫です。

【図表 39　航空局標準マニュアル②】

無人航空機

飛行マニュアル

(DID・夜間・目視外・30m・危険物・物件投下)

場所を特定しない申請について適用

運航者名：______________

国土交通省航空局標準マニュアル②（令和３年７月１日版）

第3章　必見！　飛行許可申請丸わかりガイド

本マニュアルについて

本マニュアルは、航空法に基づく許可及び承認を受けて無人航空機を飛行させる際に必要となる手順等を記載するものである。

本マニュアルに記載される手順等は、無人航空機の安全な飛行を確保するために少なくとも必要と考えられるものであり、運航者は、本マニュアルの遵守に加え、使用する機体の機能及び性能を十分に理解し、飛行の方法及び場所に応じて生じるおそれがある飛行のリスクを事前に検証した上で、追加的な安全上の措置を講じるなど、無人航空機の飛行の安全に万全を期さなければならない。

目　次

１．無人航空機の点検・整備

１－１　機体の点検・整備の方法

（１）飛行前の点検

飛行前には、以下の点について機体の点検を行う。

・各機器は確実に取り付けられているか（ネジ等の脱落やゆるみ等）
・発動機やモーターに異音はないか
・機体（プロペラ、フレーム等）に損傷やゆがみはないか
・燃料の搭載量又はバッテリーの充電量は十分か
・通信系統、推進系統、電源系統及び自動制御系統は正常に作動するか

（２）飛行後の点検

飛行後には、以下の点について機体の点検を行う。

・機体にゴミ等の付着はないか
・各機器は確実に取り付けられているか（ネジ等の脱落やゆるみ等）
・機体（プロペラ、フレーム等）に損傷やゆがみはないか
・各機器の異常な発熱はないか

（３）２０時間の飛行毎に、以下の事項について無人航空機の点検を実施する。

・交換の必要な部品はあるか
・各機器は確実に取り付けられているか（ネジの脱落やゆるみ等）
・機体（プロペラ、フレーム等）に損傷やゆがみはないか
・通信系統、推進系統、電源系統及び自動制御系統は正常に作動するか

１－２　点検・整備記録の作成

１－１（３）に定める２０時間の飛行毎に無人航空機の点検・整備を行った際には、「無人航空機の点検・整備記録」（様式１）により、点検・整備を実施した者がその実施記録を作成し、電子データ又は書面により管理する。

２．無人航空機を飛行させる者の訓練及び遵守事項

２－１　基本的な操縦技量の習得

プロポの操作に慣れるため、以下の内容の操作が容易にできるようになるまで10時間以上の操縦練習を実施する。なお、操縦練習の際には、十分な経験を有する者の監督の下に行うものとする。訓練場所は許可等が不要な場所又は訓練のために許可等を受けた場所で行う。

項　目	内　容
離着陸	操縦者から３ｍ離れた位置で、３ｍの高さまで離陸し、指定の範囲内に着陸すること。 この飛行を５回連続して安定して行うことができること。
ホバリング	飛行させる者の目線の高さにおいて、一定時間の間、ホバリングにより指定された範囲内（半径１ｍの範囲内）にとどまることができること。
左右方向の移動	指定された離陸地点から、左右方向に２０ｍ離れた着陸地点に移動し、着陸することができること。 この飛行を５回連続して安定して行うことができること。
前後方向の移動	指定された離陸地点から、前後方向に２０ｍ離れた着陸地点に移動し、着陸することができること。 この飛行を５回連続して安定して行うことができること。
水平面内での飛行	一定の高さを維持したまま、指定された地点を順番に移動することができること。 この飛行を５回連続して安定して行うことができること。

２－２　業務を実施するために必要な操縦技量の習得

基礎的な操縦技量を習得した上で、以下の内容の操作が可能となるよう操縦練習を実施する。訓練場所は許可等が不要な場所又は訓練のために許可等を受けた場所で行う。

項　目	内　容
対面飛行	対面飛行により、左右方向の移動、前後方向の移動、水平面内での飛行を円滑に実施できるようにすること。
飛行の組合	操縦者から１０ｍ離れた地点で、水平飛行と上昇・下降を組み合わせて飛行を５回連続して安定して行うことができること。
８の字飛行	８の字飛行を５回連続して安定して行うことができること。

２－３　操縦技量の維持

２－１，２－２で定めた操縦技量を維持するため、定期的に操縦練習を行う。訓練場所は許可等が不要な場所又は訓練のために許可等を受けた場所で行う。

- 2 -

2－4　夜間における操縦練習

夜間においても、２－２に掲げる操作が安定して行えるよう、訓練のために許可等を受けた場所又は屋内にて練習を行う。

2－5　目視外飛行における操縦練習

目視外飛行においても、２－２に掲げる操作が安定して行えるよう、訓練のために許可等を受けた場所又は屋内にて練習を行う。

2－6　物件投下のための操縦練習

物件投下の前後で安定した機体の姿勢制御が行えるよう、また、５回以上の物件投下の実績を積むため、訓練のために許可等を受けた場所又は屋内にて練習を行う。

2－7　飛行記録の作成

無人航空機を飛行させた際には、「無人航空機の飛行記録」（様式２）により、その飛行記録を作成し、電子的又は書面で記録を管理する。

2－8　無人航空機を飛行させる者が遵守しなければならない事項

（1）第三者に対する危害を防止するため、第三者の上空で無人航空機を飛行させない。

（2）飛行前に、気象、機体の状況及び飛行経路について、安全に飛行できる状態であることを確認する。

　また、他の無人航空機の飛行予定の情報（飛行日時、飛行経路、飛行高度）を飛行情報共有システム（https://www.fiss.mlit.go.jp/）で確認するとともに、当該システムに飛行予定の情報を入力する。ただし、飛行情報共有システムが停電等で利用できない場合は、国土交通省航空局安全部安全企画課に無人航空機の飛行予定の情報を報告するとともに、自らの飛行予定の情報が当該システムに表示されないことを鑑み、特段の注意をもって飛行経路周辺における他の無人航空機及び航空機の有無等を確認し、安全確保に努める。

（3）５ｍ／ｓ以上の突風が発生するなど、無人航空機を安全に飛行させることができなくなるような不測の事態が発生した場合には即時に飛行を中止する。

（4）多数の者が集合する場所の上空を飛行することが判明した場合には即時に飛行を中止する。

（5）アルコール又は薬物の影響により、無人航空機を正常に飛行させることができないおそれがある間は、飛行させない。

（6）飛行の危険を生じるおそれがある区域の上空での飛行は行わない。

（7）飛行前に、航行中の航空機を確認した場合には、飛行させない。

（8）飛行前に、飛行中の他の無人航空機を確認した場合には、飛行日時、飛行経路、飛行高度等について、他の無人航空機を飛行させる者と調整を行う。

（９）飛行中に、航行中の航空機を確認した場合には、着陸させるなど接近又は衝突を回避させる。

(10) 飛行中に、飛行中の他の無人航空機を確認した場合には、当該無人航空機との間に安全な間隔を確保して飛行させる。その他衝突のおそれがあると認められる場合は、着陸させるなど接近又は衝突を回避させ、飛行日時、飛行経路、飛行高度等について、他の無人航空機を飛行させる者と調整を行う。

(11) 不必要な低空飛行、高調音を発する飛行、急降下など、他人に迷惑を及ぼすような飛行を行わない。

(12) 物件のつり下げ又は曳航は行わない。

(13) 十分な視程が確保できない雲や霧の中では飛行させない。

(14) 無人航空機の飛行の安全を確保するため、製造事業者が定める取扱説明書に従い、定期的に機体の点検・整備を行うとともに、点検・整備記録を作成する。

(15) 無人航空機を飛行させる際は、次に掲げる飛行に関する事項を記録する。

・飛行年月日
・無人航空機を飛行させる者の氏名
・無人航空機の名称
・飛行の概要（飛行目的及び内容）
・離陸場所及び離陸時刻
・着陸場所及び着陸時刻
・飛行時間
・無人航空機の飛行の安全に影響のあった事項（ヒヤリ・ハット等）

(16) 無人航空機の飛行による人の死傷、第三者の物件の損傷、飛行時における機体の紛失又は航空機との衝突若しくは接近事案が発生した場合には、次に掲げる事項を速やかに、許可等を行った国土交通省航空局安全部運航安全課、地方航空局保安部運用課又は空港事務所まで報告する。なお、夜間等の執務時間外における報告については、24時間運用されている最寄りの空港事務所に電話で連絡を行う。

・無人航空機の飛行に係る許可等の年月日及び番号
・無人航空機を飛行させた者の氏名
・事故等の発生した日時及び場所
・無人航空機の名称
・無人航空機の事故等の概要
・その他参考となる事項

(17) 飛行の際には、無人航空機を飛行させる者は許可書又は承認書の原本又は写しを携行する。

３．安全を確保するために必要な体制

３－１　無人航空機を飛行させる際の基本的な体制

・場所の確保・周辺状況を十分に確認し、第三者の上空では飛行させない。
・風速５ｍ／ｓ以上の状態では飛行させない。
・雨の場合や雨になりそうな場合は飛行させない。
・十分な視程が確保できない雲や霧の中では飛行させない。
・飛行させる際には、安全を確保するために必要な人数の補助者を配置し、相互に安全確認を行う体制をとる。
・補助者は、飛行範囲に第三者が立ち入らないよう注意喚起を行う。
・補助者は、飛行経路全体を見渡せる位置において、無人航空機の飛行状況及び周囲の気象状況の変化等を常に監視し、操縦者が安全に飛行させることができるよう必要な助言を行う。
・ヘリコプターなどの離発着が行われ、航行中の航空機に衝突する可能性があるような場所では飛行させない。
・第三者の往来が多い場所や学校、病院等の不特定多数の人が集まる場所の上空やその付近は飛行させない。
・高速道路、交通量が多い一般道、鉄道の上空やその付近では飛行させない。
・高圧線、変電所、電波塔及び無線施設等の施設付近では飛行させない。
・飛行場所付近の人又は物件への影響をあらかじめ現地で確認・評価し、補助員の増員等を行う。
・人又は物件との距離が３０ｍ以上確保できる離発着場所及び周辺の第三者の立ち入りを制限できる範囲で飛行経路を選定する。
・飛行場所に第三者の立ち入り等が生じた場合には速やかに飛行を中止する。
・人又は家屋が密集している地域の上空では夜間飛行は行わない。
・人又は家屋が密集している地域の上空では目視外飛行は行わない。
・夜間の目視外飛行は行わない。

※３－１に加え、飛行の形態に応じ、３－２から３－６の各項目に記載される必要な体制を適切に実行すること。

３－２　人又は家屋の密集している地域の上空における飛行又は地上又は水上の人又は物件との間に30ｍの距離を保てない飛行を行う際の体制

・飛行させる無人航空機について、プロペラガードを装備して飛行させる。装備できない場合は、第三者が飛行経路下に入らないように監視及び注意喚起をする補助者を必ず配置し、万が一第三者が飛行経路下に接近又は進入した場合は操縦者に適切に助言を行い、飛行を中止する等適切な安全措置をとる。
・無人航空機の飛行について、補助者が周囲に周知を行う。

３－３　夜間飛行を行う際の体制

・夜間飛行においては、目視外飛行は実施せず、機体の向きを視認できる灯火が装備された機体を使用し、機体の灯火が容易に認識できる範囲内での飛行に限定する。
・飛行高度と同じ距離の半径の範囲内に第三者が存在しない状況でのみ飛行を実施する。
・操縦者は、夜間飛行の訓練を修了した者に限る。
・補助者についても、飛行させている無人航空機の特性を十分理解させておくこと。
・夜間の離発着場所において車のヘッドライトや撮影用照明機材等で機体離発着場所に十分な照明を確保する。

３－４　目視外飛行を行う際の体制

・飛行の前には、飛行ルート下に第三者がいないことを確認し、双眼鏡等を有する補助者のもと、目視外飛行を実施する
・操縦者は、目視外飛行の訓練を修了した者に限る。
・補助者についても、飛行させている無人航空機の特性を十分理解させておくこと。

３－５　危険物の輸送を行う際又は物件投下を行う際の体制

・３－１に基づき補助者を適切に配置し飛行させる。
・危険物の輸送の場合、危険物の取扱いは、関連法令等に基づき安全に行う。
・物件投下の場合、操縦者は、物件投下の訓練を修了した者に限る。

３－６　非常時の連絡体制

・あらかじめ、飛行の場所を管轄する警察署、消防署等の連絡先を調べ、２－８（16）に掲げる事態が発生した際には、必要に応じて直ちに警察署、消防署、その他必要な機関等へ連絡するとともに、以下のとおり許可等を行った国土交通省航空局安全部運航安全課、地方航空局保安部運用課又は空港事務所まで報告する。なお、夜間等の執務時間外における報告については、24時間運用されている最寄りの空港事務所に電話で連絡を行う。

国土交通省航空局安全部運航安全課　03-5253-8111（内線：48687, 48688）
東京航空局保安部運用課　03-6685-8005
大阪航空局保安部運用課　06-6949-6609
最寄りの空港事務所　（執務時間外は次表に示した、飛行させた都道府県に対応する24時間対応の空港事務所へ連絡する。）

官　署	連絡先	管轄区域	執務時間	執務時間外の連絡先（24 時間運用されている最寄りの空港事務所）
新千歳空港事務所（24 時間対応）	平　日 ☎：0123-23-4195 土日祝日 ☎：0123-23-4102	北海道のうち小樽市、旭川市、室蘭市、夕張市、岩見沢市、留萌市、苫小牧市、美唄市、芦別市、赤平市、士別市、名寄市、三笠市、千歳市、滝川市、砂川市、歌志内市、深川市、富良野市、登別市、恵庭市、伊達市、後志総合振興局管内、空知総合振興局管内、上川総合振興局管内、留萌振興局管内、胆振総合振興局管内及び日高振興局管内	24 時間	
仙台空港事務所（24 時間対応）	☎：022-383-1301	岩手県、宮城県、秋田県、福島県	24 時間	
成田空港事務所（24 時間対応）	（平日 9:00-12:00 13:00-17:00） ☎：0476-32-1048 （上記以外） ☎：0476-32-6410	千葉県	24 時間	
東京空港事務所（24 時間対応）	【平日 9 時～17 時】 ☎：03-5757-3022 【夜間・休日】※緊急の場合に限る ☎：03-5756-1531	北海道（新千歳空港事務所の管轄に属する区域を除く。）、青森県、栃木県、群馬県、埼玉県、東京都、神奈川県、山梨県、長野県、静岡県、茨城県	24 時間	
新潟空港事務所	☎：025-273-5093	山形県、新潟県	7:30-21:30	仙台空港事務所
中部空港事務所（24 時間対応）	☎：0569-38-2158	岐阜県、愛知県、三重県	24 時間	
大阪空港事務所（24 時間対応）	（平日 9:00-12:00 13:00-17:00） ☎：06-6843-1127 （夜間・休日） ☎：06-6843-1124	滋賀県、京都府、大阪府（八尾空港事務所及び関西空港事務所の管轄に属する区域を除く。）、兵庫県、岡山県	24 時間	

八尾空港事務所	☎：072-922-9021	大阪府のうち八尾市、富田林市、河内長野市、松原市、柏原市、羽曳野市、藤井寺市、東大阪市、大阪狭山市及び南河内郡、奈良県	8:00-19:30	大阪空港事務所
関西空港事務所 （24時間対応）	（平日９時～17時） ☎：072-455-1330 （夜間・休日）※緊急の場合に限る ☎：072-455-1334 072-455-1335	富山県、石川県、福井県、大阪府のうち堺市、岸和田市、泉大津市、貝塚市、泉佐野市、和泉市、高石市、泉南市、阪南市、泉北郡及び泉南郡　和歌山県、鳥取県、島根県、山口県（北九州空港事務所の管轄に属する区域を除く。）、徳島県、香川県、熊本県	24時間	
広島空港事務所	☎：0848-86-8654	広島県	7:30-21:30	福岡空港事務所
松山空港事務所	☎：089-972-0393	愛媛県	7:00-22:00	福岡空港事務所
高知空港事務所	☎：088-863-2620	高知県	7:00-21:00	福岡空港事務所
福岡空港事務所 （24時間対応）	（平日9:00～17:00） ☎：092-629-4012 （土日祝日、年末年始） ☎：092-622-6529	福岡県（北九州空港事務所の管轄に属する区域を除く。）、佐賀県、長崎県のうち対馬市及び壱岐市	24時間	
北九州空港事務所	☎：093-473-1089	山口県のうち下関市、宇部市、長門市、美弥市及び山陽小野田市、福岡県のうち北九州市、行橋市、豊前市、京都郡及び築上郡	24時間	
長崎空港事務所	☎：0957-53-6901	長崎県（福岡空港事務所の管轄に属する区域を除く。）	7:00-22:00	福岡空港事務所
大分空港事務所	☎：0978-67-3773	大分県	7:30-22:30	福岡空港事務所
宮崎空港事務所	☎：0985-51-2184	宮崎県	7:30-21:30	鹿児島空港事務所
鹿児島空港事務所 （24時間対応）	☎：0995-58-4461	鹿児島県	24時間	
那覇空港事務所 （24時間対応）	（平日９時～17時） ☎：098-859-5132 （上記以外） ☎：098-857-1107	沖縄県	24時間	

（様式１）無人航空機の点検・整備記録

（点検機体名：　　　　　　　　　　　　　　　　　）

点検日	点検者	点検内容			交換部品等
		点検項目		点検結果	
		機体全般	機器の取付け状態（ネジ、コネクタ、ケーブル等）		
		プロペラ	外観		
			損傷		
			ゆがみ		
		フレーム	外観		
			損傷		
			ゆがみ		
		通信系統	機体と操縦装置の通信品質の健全性		
		推進系統	モーター又は発動機の健全性		
		電源系統	機体及び操縦装置の電源の健全性		
		自動制御系統	飛行制御装置の健全性		
		操縦装置	外観		
			スティックの健全性		
			スイッチの健全性		
（特記事項）					

（様式２）無人航空機の飛行記録

年月日	飛行させる者の氏名	飛行概要	飛行させた無人航空機	離陸場所	離陸時刻	着陸場所	着陸時刻	飛行時間	総飛行時間	飛行の安全に影響のあった事項

7　改造したドローン、自作したドローンを申請するケース

改造したドローンとは

一般的な改造のイメージと少し違うので、そもそもの改造の定義から説明します。ここでの改造とは、航空局のホームページに掲載されているドローンに手を加えて、メーカーで公表している性能や飛ばす方法を変えることです。

具体的には、DJIのドローンに附属品を装着するケースなどがあります。メーカー公式（純正）ではない付属品、カメラやアプリケーションを使用する場合も改造になります。

航空局のホームページに掲載されていないドローンを改造する場合は、飛行許可申請では改造にはあたらないので注意が必要です。

改造したドローン、自作したドローンの申請方法

改造したドローンや自作したドローンは、多方面の写真や説明書などの準備が必要です。航空局のホームページに掲載されていないドローンも同じです。

写真などのデータは、オンライン申請の場合はデータをオンライン上で添付し、郵送申請の場合は申請書のデータ上に貼りつけて申請をします。

【図表 40　無人航空機の飛行に係る許可・承認書】
※本書では便宜上、「許可書」で統一しています。

東空運第　　号

無人航空機の飛行に係る許可・承認書

殿

令和 年 月　日付をもって申請のあった無人航空機を飛行の禁止空域で飛行させること及び飛行の方法によらず飛行させることについては、航空法第132条第２項第２号及び第132条の２第２項第２号の規定により、下記の無人航空機を飛行させる者が下記のとおり飛行させることについて、申請書のとおり許可及び承認する。

記

許可及び承認事項：　航空法第132条第1項第２号
航空法第132条の２第１項第５号、第６号、第７号及び第10号

許可等の期間：　令和 年 月 日から令和 年 月 日

飛行の経路：　日本全国（飛行マニュアルに基づき地上及び水上の人及び物件の安全が確保された場所に限る）

無人航空機：　DJI製MAVIC 2 ENTERPRISE
PHANTOM 4、MATRICE 300 RTK

無人航空機を飛行させる者：

条件：

・申請書に記載のあった飛行の方法、条件等及び申請書に添付された飛行マニュアルを遵守して飛行させること。また、飛行の際の周囲の状況、天候等に応じて、必要な安全対策を講じ、飛行の安全に万全を期すこと。
・航空機の航行の安全並びに地上及び水上の人及び物件の安全に影響を及ぼすような重要な事情の変化があった場合は、許可等を取り消し、又は新たに条件を付すことがある。
・飛行実績の報告を求められた場合は、速やかに報告すること。
・令和４年６月を予定する改正航空法に係る無人航空機の登録義務化以降は、登録を受けた無人航空機で飛行させること。

令和 年 月 日

東京航空局長　吉田　耕一郎

【図表41　無人航空機に係る許可承認の内容　令和2年度】

無人航空機に係る許可承認の内容　令和2年度【地方航空局担当関係】(令和2年度の文書番号のもの)

132条	1A：進入表面、転移表面若しくは水平表面又は延長進入表面、円錐表面若しくは外側水平表面の上空の空域 又は航空機の離陸及び着陸の安全を確保するために必要なものとして国土交通大臣が告示で定める空域
	1B：地表又は水面から150m以上の高さの空域
	2：人又は家屋の密集している地域の上空
132条の2	5：夜間飛行
	6：目視外飛行
	7：人又は物件から30m以上の距離が確保できない飛行
	8：催し場所上空の飛行
	9：危険物の輸送
	10：物件投下

No.	申請者	許可・承認の条項									許可・承認の期間		飛行の経路	機体の名称	許可承認書の番号（文書番号）		許可・承認日
		132条			132条の2												
		1A	1B	2	5	6	7	8	9	10	自	至			東空運	東空検	
○東京航空局																	
1	個人			○	○		○				令和2年4月1日	令和3年3月31日	日本全国	DJI MAVIC PRO	3	-	令和2年4月1日

(出所：国土交通省航空局)

8　許可書の見方

許可番号

許可番号は国土交通省ホームページに公表されています。公表されている内容は、法人（企業・団体）名・許可内容・許可期間・飛ばす経路・許可された機体・許可番号・許可日です。

個人で申請した場合は「個人」とだけ表示されます。許可申請者が非公表を申し出た場合は、国土交通省ホームページに公表されません。

図表41は実際に公表されているものの一部です。

許可内容

取得している許可内容が法律で定められた文言で書かれています。正直わかりにくいので、それぞれの読み方を説明します。

法律が変わると、この文言（航空法第○条第○項第○号）も変わることがあります。ここでは、許可内容が許可書にしっかり書いてあるということだけ押さえておけば大丈夫です。

・航空法第１３２条第１項第１号　空港やヘリポート周辺、地表又は水面から１５０m以上での飛行、緊急用務空域での飛行
・航空法第１３２条第１項第２号　人口集中地区（ＤＩＤ）内での飛行
・航空法第１３２条の２第１項第５号　夜間飛行
・航空法第１３２条の２第１項第６号　目視外（ＦＰＶ）飛行
・航空法第１３２条の２第１項第７号　人または物件から30m以上の距離を確保できない飛行
・航空法第１３２条の２第１項第８号　イベント上空での飛行
・航空法第１３２条の２第１項第９号　危険物輸送
・航空法第１３２条の２第１項第10号　物件投下

許可の期間

許可の期間が書かれています。継続的に業務でドローンを飛ばす場合は、この期間が切れないように更新を申請する必要があります。

許可期限の管理も重要です。自分で管理できない場合は行政書士などのプロやＩＴを活用して、許可の期限が近づいたら更新のお知らせがくる仕組みをつくっておくことをおすすめします。

許可されたドローンの種類

許可されたドローンの製品名が書かれます。研究開発（実証実験）、レースや空撮などでも使用される自作のドローンは「自作機」や「〇〇〇〇（自分で設定した製品名）」と表示されます。どのようなドローンなのかということは、許可書だけでなく申請書や許可されたドローンの一覧が表示されている別紙も確認する必要があります。

製品名以外の機体を特定できる番号（製造番号など）は許可書には書かれていないので、本当に許可されているのかどうかは申請書や別紙を確認しないとわかりません。業務を発注する立場の方や、コンプライアンスをチェックする立場の方は知らないうちに違反していることがあるので、必ず確認するようにしましょう。

操縦者の確認

許可された操縦者が書かれます。

１つの許可申請でドローンも操縦者も複数まとめて許可されます。

その他条件

申請書と飛行マニュアルの内容を守って、ドローンを飛ばさなければいけないことになっています。最低限の知識として、覚えておきましょう。

最近ではコンプライアンスを徹底する企業の中には、契約の前に「許可書」「申請書」「飛行マニュアル」の3点セットの内容をすべて確認し、発注しても問題ない許可申請をしているかどうか精査をするケースも多いです。

許可書の携帯義務

許可後は、ドローンを飛ばすときに許可書の原本またはコピーを常に携帯する必要があります。こちらは飛行マニュアルにも記載されています。コピーはＰＤＦなどのデータでも大丈夫です。

飛行実績の作成・管理

飛行許可を取得した後は、飛行実績の作成と管理をしなければいけません。航空局標準飛行マニュアルにも様式があります。「（様式２）無人航空機の飛行記録」です。今までは包括申請の許可取得後、３か月ごとに国土交通省航空局に飛行実績の報告をしなければいけませんでしたが、現在は航空局から飛行実績の報告を求められた場合に対応すればよいことになっています。

今後は登録したドローンで飛ばす義務がある

後で触れますが、新しい制度ができ、２０２１年6月にすべてのドローンの登録が義務化される予定です。

9　実際の申請事例でイメージをつかもう

全国包括での許可申請書例

最も申請数が多い許可申請事例で、日本全国での包括申請があります。業務でドローンを飛ばす方はまずこの許可を取得することがスタートです。

業務の内容によっては、航空局標準マニュアルでは飛ばせないシチュエーションがあるので、自分で飛行マニュアルを作成するか、もしくは標準マニュアルを一部書き換える必要があります。

違反することがないように、申請内容と飛行マニュアルを実際の飛行内容に合っているか確認し、適切な許可を取得することを心がけましょう。

事例では次のような内容になっています。

①飛行範囲が日本全国。
②飛ばす高さは１５０ｍ未満。
③人口集中地区（ＤＩＤ）内での飛行、夜間飛行、目視外飛行、人または物件から30ｍ確保できない飛行。
④ドローンはＤＪＩのものを2機（改造なし）、操縦者は９名。

【図表42　記入例:無人航空機の飛行に関する許可・承認申請書】

（様式１）

令和　　年　　月　　日

無人航空機の飛行に関する許可・承認申請書

■新規　　□更新※1　　□変更※2

東京航空局長　殿

氏名又は名称 株式会社○○
及び住所 宮城県仙台市青葉区○○14-22-2402
並びに法人の場合は代表者の氏名 代表取締役　佐々木　太郎
（連絡先）TEL: XXX-5565-0144

申請代理人
氏　　名 バウンダリ行政書士法人
担当　○○　○○
及び住所 宮城県仙台市青葉区二日町7-32
TEL:022-226-7402
Mail:polite@ss-gyouseisyoshi.com

航空法（昭和27年法律第231号）第132条第２項第２号の規定による許可及び同法第132条の２第２項第２号の規定による承認を受けたいので、下記のとおり申請します。

飛行の目的		■業務	■空撮　□報道取材　□警備　□農林水産業 ■測量　■環境調査　□設備メンテナンス □インフラ点検・保守　□資材管理　□輸送・宅配 □自然観測　□事故・災害対応等		
		□趣味			
		□研究開発			
		□その他（　　　　　　　　　　）			
飛行の日時※3		令和3年5月31日～令和4年4月30日の1年間			
飛行の経路※4 （飛行の場所）		日本全国　（理由：急な業務依頼等に対応する必要があるため）			
飛行の高度		地表等からの高度	150m未満	海抜高度	m
申請事項	飛行禁止空域の飛行（第132条関係）	□航空機の離陸及び着陸が頻繁に実施される空港等で安全かつ円滑な航空交通の確保を図る必要があるものとして国土交通大臣が告示で定めるものの周辺の空域であって、当該空港等及びその上空の空域における航空交通の安全を確保するために必要なものとして国土交通大臣が告示で定める空域（空港等名称　　　　　　　）			

及び理由		□進入表面、転移表面若しくは水平表面若しくは延長進入表面、円錐表面若しくは外側水平表面の上空の空域又は航空機の離陸及び着陸の安全を確保するために必要なものとして国土交通大臣が告示で定める空域（空港等名称　　　　　　　　　　　　　） □地表又は水面から150m以上の高さの空域 ■人又は家屋の密集している地域の上空
		【飛行禁止空域を飛行させる理由】 ・飛行させる場所が DID 地区に該当する可能性があるため。

	飛行の方法（第132条の2関係）	■夜間飛行　　■目視外飛行 ■人又は物件から30m以上の距離が確保できない飛行 □催し場所上空の飛行　　□危険物の輸送　　□物件投下
		【第132条の2第1項第5号から第10号までに掲げる方法によらずに飛行させる理由】 依頼によっては、目視外飛行・夜間飛行が必要となるため。また、場所によっては、３０m以上の距離が確保できない可能性があるため。

無人航空機の製造者、名称、重量その他の無人航空機を特定するために必要な事項	■別添資料のとおり。 □変更申請であって、かつ、左記事項に変更がない。
無人航空機の機能及び性能に関する事項	■別添資料のとおり。 □変更申請であって、かつ、左記事項に変更がない。
無人航空機の飛行経歴並びに無人航空機を飛行させるために必要な知識及び能力に関する事項	■別添資料のとおり※5。 □変更申請であって、かつ、左記事項に変更がない。
無人航空機を飛行させる際の安全を確保するために必要な体制に関する事項	■航空局標準マニュアルを使用する。 □航空局ホームページ掲載されている以下の団体等が定める飛行マニュアルを使用する。 団体等名称： 飛行マニュアル名称： □上記以外の飛行マニュアル（別添）を使用する。 □変更申請であって、かつ、左記事項に変更がない。
その他参考となる事項	【変更又は更新申請に関する現に有効な許可等の情報】 許可承認番号： 許可承認日： ※許可承認書の写しを添付すること。

（次頁に続く）

<table>
<tr><td rowspan="3">その他参考となる事項</td><td>【第三者賠償責任保険への加入状況】
■加入している（■対人　■対物）
保険会社名：三井住友海上火災保険株式会社
商　品　名：賠償責任保険、
補 償 金 額 ：（対人）1 億円　（対物）5000 万円

□加入していない</td></tr>
<tr><td>【空港設置管理者等又は空域を管轄する関係機関との調整結果（航空法第 132 条第 1 号に掲げる空域における飛行に限る。）】
□空港設置管理者等
調整機関名：
調 整 結 果：

□空域を管轄する関係機関
調整機関名：
調 整 結 果：</td></tr>
<tr><td>【催しの主催者等との調整結果（催し場所上空の飛行に限る。）】
催 し 名 称：
主催者等名：
調 整 結 果：</td></tr>
<tr><td>備　　考</td><td>【緊急連絡先】
担当者　：橋本　拓斗
電話番号：090-XXXX-5311</td></tr>
</table>

（次頁に続く）

【図表43　記入例：無人航空機の製造者、名称、重量等】

別添資料1

無人航空機の製造者、名称、重量等

※資料の一部を省略することができる無人航空機」に該当するため省略

無人航空機	製造者名		DJI
	名称		PHANTOM4 PRO
	製造番号等		0XXXXXXXXXXX66
	所有者	氏名又は名称	株式会社○○
		住所	宮城県仙台市青葉区○○14-22-2402
		連絡先	XXX-5565-0144
		Eメール	XXXXXX@i.softbank.jp

無人航空機	製造者名		DJI
	名称		PHANTOM4 PRO+ V2.0
	製造番号等		1XXXXXXXXXX285
	所有者	氏名又は名称	株式会社○○
		住所	宮城県仙台市青葉区○○14-22-2402
		連絡先	XXX-5565-0144
		Eメール	XXXXXX@i.softbank.jp

【図表44　記入例：無人航空機の機能・性能に関する基準適合確認書】

（様式２）

無人航空機の機能・性能に関する基準適合確認書

１．飛行させる無人航空機に関する事項を記載すること。

製造者名	DJI	名　称	PHANTOM4 PRO
重量※1	1.5kg	製造番号等	0XXXXXXXXXXX66
製造者名	DJI	名　称	PHANTOM4 PRO+ V2.0
重量※1	1.5kg	製造番号等	1XXXXXXXXXX285

２．ホームページ掲載無人航空機の場合には、改造を行っているかどうかを記載し、「改造している」場合には、３．の項も記載すること。

改造の有無　　：■改造していない　／　□改造している（→改造概要及び３．を記載）

改　造　概　要

３．ホームページ掲載無人航空機に該当しない場合又はホームページ掲載無人航空機であっても改造を行っている場合は、次の内容を確認すること。

	確認事項	確認結果
一般	鋭利な突起物のない構造であること（構造上、必要なものを除く。）。	□適 ／ □否
	無人航空機の位置及び向きが正確に視認できる灯火又は表示等を有していること。	□適 ／ □否
	無人航空機を飛行させる者が燃料又はバッテリーの状態を確認できること。	□適 ／ □否
遠隔操作の機体※2	特別な操作技術又は過度な注意力を要することなく、安定した離陸及び着陸ができること。	□適 ／ □否／ □該当せず
	特別な操作技術又は過度な注意力を要することなく、安定した飛行（上昇、前後移動、水平方向の飛行、ホバリング（回転翼機）、下降等）ができること。	□適 ／ □否／ □該当せず
	緊急時に機体が暴走しないよう、操縦装置の主電源の切断又は同等な手段により、モーター又は発動機を停止できること。	□適 ／ □否／ □該当せず
	操縦装置は、操作の誤りのおそれができる限り少ないようにしたものであること。	□適 ／ □否／ □該当せず
	操縦装置により適切に無人航空機を制御できること。	□適 ／ □否／ □該当せず
自動操縦の機体※3	自動操縦システムにより、安定した離陸及び着陸ができること。	□適 ／ □否／ □該当せず
	自動操縦システムにより、安定した飛行（上昇、前後移動、水平方向の飛行、ホバリング（回転翼機）、下降等）ができること。	□適 ／ □否／ □該当せず
	あらかじめ設定された飛行プログラムにかかわらず、常時、不具合発生時等において、無人航空機を飛行させる者が機体を安全に着陸させられるよう、強制的に操作介入ができる設計であること。	□適 ／ □否／ □該当せず

※１　最大離陸重量の形態で確認すること。ただし、それが困難な場合には、確認した際の重量を記載すること。

※２　遠隔操作とは、プロポ等の操縦装置を活用し、空中での上昇、ホバリング、水平飛行、下降等の操作を行うことをいう。遠隔操作を行わない場合には「該当せず」を選択すること。

※３　自動操縦とは、当該機器に組み込まれたプログラムにより自動的に操縦を行うことをいう。自動操縦を行わない場合には「該当せず」を選択すること。

【図表 45　記入例：無人航空機の運用限界等】

別添資料 2

無人航空機の運用限界等

（運用限界）
資料の一部を省略することができる無人航空機」に該当するため省略

（飛行させる方法）
モード１又は、モード２により飛行させる。

【図表 46　記入例：無人航空機の追加基準への適合性】

別添資料 3

無人航空機の追加基準への適合性

○人又は家屋の密集している地域の上空を飛行（第三者上空の飛行以外）
○人及び物件との距離３０ｍを確保できない飛行（第三者上空の飛行以外）

基　準	適合性
第三者及び物件に接触した際の危害を軽減する構造を有すること。	○プロペラガードを装備している。装備しない場合は、第三者が飛行経路下に入らないように監視及び注意喚起をする補助者を配置して万が一第三者が飛行経路下に接近又は進入した場合は操縦者に適切に助言を行い、飛行を中止する等適切な安全措置をとる。

○夜間飛行

基　準	適合性
無人航空機の姿勢及び方向が正確に視認できるよう灯火を有していること。ただし、無人航空機の飛行範囲が照明等で十分照らされている場合はこの限りでない。	○灯火を装備している

○目視外飛行

基　準	適合性
自動操縦システムを装備し、機体に設置されたカメラ等により機体の外の様子を監視できること。	○機体は写真のとおり標準装備のカメラを設置し、機体の外を監視することができる。 ・PHANTOM4、PHANTOM4 PRO+ V2.0 については状況に応じてメーカー指定の自動操縦システム DJI 社製：「DJI GS Pro」を使用する ▼PHANTOM4 

	 ▼PHANTOM4 PRO+ V2.0   ○自動操縦システムを使用しない場合は、飛行の安全を確保するため、必要な体制を確保の上、適切な場所に補助者を配置し、第三者が飛行経路の下に入らないように警告を行う。電波遮断等の不具合発生時には自動帰還機能が作動し、操縦者のいる位置まで帰還する。
地上において、無人航空機の位置及び異常の有無を把握できること（不具合発生時に不時着した場合を含む。）。	○プロポのモニターに、機体の位置情報や GPS 電波の状況、機体の異常の有無等が表示されるようになっている。 
不具合発生時に危機回避機能（フェールセーフ機能）が正常に作動すること。	○自動帰還機能が作動することを確認している。また、あらかじめ設定された飛行プログラムにかかわらず、常時、不具合発生時等において、無人航空機を飛行させる者が機体を安全に着陸させられるよう、強制的に操作介入ができる設計になっている。

【図表 47　記入例：無人航空機を飛行させる者一覧】

別添資料 4

無人航空機を飛行させる者一覧

No	氏　名	住所	飛行させることができる無人航空機	備考
1	佐々木　太郎	宮城県仙台市○○○○1-20-1	すべての申請機体	
2	佐々木　重蔵	福島県双葉郡○○○○84-7	すべての申請機体	
3	橋本　拓斗	岐阜県郡上市○○○○1-17	すべての申請機体	
4	伊東　政栄	宮城県仙台市○○○○1-29-4	すべての申請機体	
5	佐藤　ふみな	宮城県仙台市○○○○8-9-1002	すべての申請機体	
6	安達　裕明	福島県南相馬市○○○○2-4-13	すべての申請機体	
7	林　文郎	東京都港区○○○○1-4-303	すべての申請機体	
8	酒屋　まゆみ	東京都品川区○○○○2-18-12	すべての申請機体	
9	佐々木　泰斗	福島県白河市○○8-18-7	すべての申請機体	

【図表 48　記入例：無人航空機を飛行させる者に関する飛行経歴・知識・能力確認書】

（様式3）

無人航空機を飛行させる者に関する飛行経歴・知識・能力確認書

無人航空機を飛行させる者　：佐々木　太郎、佐々木　重蔵、橋本　拓斗、伊東　政栄、佐藤　ふみな、安達　裕明、林　文郎、酒屋　まゆみ、佐々木　泰斗

<table>
<tr><th colspan="3">確認事項</th><th>確認結果</th></tr>
<tr><td colspan="2">飛行経歴</td><td>無人航空機の種類別に、10 時間以上の飛行経歴を有すること。</td><td>■適 / □否</td></tr>
<tr><td colspan="2" rowspan="2">知　識</td><td>航空法関係法令に関する知識を有すること。</td><td>■適 / □否</td></tr>
<tr><td>安全飛行に関する知識を有すること。
・飛行ルール（飛行の禁止空域、飛行の方法）
・気象に関する知識
・無人航空機の安全機能（フェールセーフ機能　等）
・取扱説明書等に記載された日常点検項目
・自動操縦システムを装備している場合には、当該システムの構造及び取扱説明書等に記載された日常点検項目
・無人航空機を飛行させる際の安全を確保するために必要な体制
・飛行形態に応じた追加基準</td><td>■適 / □否</td></tr>
<tr><td rowspan="6">能　力</td><td>一般</td><td>飛行前に、次に掲げる確認が行えること。
・周囲の安全確認（第三者の立入の有無、風速・風向等の気象　等）
・燃料又はバッテリーの残量確認
・通信系統及び推進系統の作動確認</td><td>■適 / □否</td></tr>
<tr><td rowspan="2">遠隔操作の機体※1</td><td>GPS 等の機能を利用せず、安定した離陸及び着陸ができること。</td><td>■適 / □否</td></tr>
<tr><td>GPS 等の機能を利用せず、安定した飛行ができること。
・上昇
・一定位置、高度を維持したホバリング（回転翼機）
・ホバリング状態から機首の方向を 90°回転（回転翼機）
・前後移動
・水平方向の飛行（左右移動又は左右旋回）
・下降</td><td>■適 / □否</td></tr>
<tr><td rowspan="2">自動操縦の機体※2</td><td>自動操縦システムにおいて、適切に飛行経路を設定できること。</td><td>■適 / □否</td></tr>
<tr><td>飛行中に不具合が発生した際に、無人航空機を安全に着陸させられるよう、適切に操作介入ができること。</td><td>■適 / □否</td></tr>
</table>

※1　遠隔操作とは、プロポ等の操縦装置を活用し、空中での上昇、ホバリング、水平飛行、下降等の操作を行うことをいう。遠隔操作を行わない場合には「遠隔操作の機体」の欄の確認結果について記載は不要。

※2　自動操縦とは、当該機器に組み込まれたプログラムにより自動的に操縦を行うことをいう。自動操縦を行わない場合には「自動操縦の機体」の欄の確認結果について記載は不要。

上記の確認において、基準に適合していない項目がある場合には、下記の表に代替的な安全対策等を記載し、航空機の航行の安全並びに地上及び水上の人及び物件の安全が損なわれるおそれがないことを説明すること。

項目	代替的な安全対策等及び安全が損なわれるおそれがないことの説明

記載内容が多いときは、別紙として添付すること。

【図表49　記入例：無人航空機を飛行させる者の追加基準への適合性】

別添資料5

無人航空機を飛行させる者の追加基準への適合性

以下のとおり、飛行させる者は飛行経験を有しており飛行マニュアルに基づいた飛行訓練を実施している。

No	氏　名	総飛行時間	夜間飛行時間	目視外飛行時間	物件投下回数
1	佐々木　太郎	42時間	11時間	24時間	0回
2	佐々木　重蔵	42時間	12時間	22時間	0回
3	橋本　拓斗	39時間	11時間	20時間	0回
4	伊東　政栄	23時間	11時間	12時間	0回
5	佐藤　ふみな	23時間	6時間	12時間	0回
6	安達　裕明	19時間	5時間	10時間	0回
6	林　文郎	18時間	4時間	10時間	0回
8	酒屋　まゆみ	16時間	4時間	9時間	0回
9	佐々木　泰斗	16時間	3時間	8時間	0回

第4章　事例で学ぶ、飛行許可申請の落とし穴

1　包括申請があれば全国どこでも飛ばせるんでしょ？

包括申請は万能ではない

「私は日本全国でいつでも飛ばせる許可を取得しているので」というお話をよく耳にします。包括申請で取得した許可が万能だと思っている方が一定数いらっしゃるのは事実です。

本書をここまでお読みになっていただいた方はすぐおわかりになると思いますが、包括申請では飛ばせない飛行方法やシチュエーションは多々あります。

本来飛行場所を特定して個別申請をしなければいけないのに、包括申請で取得した許可だけで飛行をしてしまい、違反してしまうということもあります。

他の法令で決まっている手続が必要なケース

また、警察などに飛行許可以外の手続が必要なケースもあります。飛行許可さえあれば大丈夫という認識を持っていると危険ですので、気を付けましょう。

飛行許可以外の手続をせず、違反となった代表例は次のとおりです。

・空港などの周辺の空域での飛行
・地表または水面から１５０ｍ以上の空域での飛行

・イベント上空での飛行
・人口集中地区（ＤＩＤ地区）内での夜間飛行
・夜間での目視外（ＦＰＶ）飛行
・趣味目的での飛行

2　飛行マニュアルって何ですか？

このような質問をいただく理由

飛行マニュアルの存在自体を認識していない方が一定数います。飛行マニュアルは、飛行許可申請をするときに守るべき安全を確保する体制が書かれているもので、添付書類にもなっています。なぜ飛行マニュアルの存在を知らない方がいるのかというと、申請時に「航空局標準マニュアルを使用する」という項目にチェックを入れるだけで審査を進められてしまうからです。

本来であれば、飛行マニュアルの内容も理解してから申請しなければいけないものです。飛行マニュアルを読んでいないという申請者が多いのは問題だと思います。

審査基準の１つ、安全を確保する体制を満たしていないからです。許可書だけ取得しても意味がありません。しつこいかもしれませんが、大事なことですので、必ず飛行マニュアルをよく読んで守ってドローンを飛ばしましょう。

3　今までＤＩＤの許可だけしか取得してなかったんだけど、ダメなの？

業務でドローンを飛ばす場合に必要な許可

業務でドローンを飛ばす場合は、確かに人口集中地区（ＤＩＤ）内での許可は必要です。ただ、人口集中地区内では第三者や第三者物件がある可能性も高いので、人または物件から30ｍ以上の距離を保てない状況での飛行許可も必ず取得しましょう。

また、モニターを見ながらドローンを飛ばす場合は目視外飛行も必要になりますし、夜間飛行が必要になることもあります。

突然明日空撮することになったら許可が間に合わないので、必要になる可能性がある許可はすべて事前に取得しておくようにしましょう。

4　地権者が飛ばしていいって言ってたから許可申請はいらないですよね？

飛行許可と地権者は無関係

建物の管理者や地権者からドローンを飛ばす許可をいただければ、飛行許可申請が不要と思っている方もいらっしゃいます。

飛行許可は法律で決まっていることなので、他人から許可をいただいたとしても必要です。例えば人口集中地区（ＤＩＤ）内で飛ばす場合は、地権者から許可をもらっても、周囲に誰もいなくても飛行許可申請が必要です。法律で決まっている許可申請と、建物の管理者や地権者などの民間の方からの許可は全く別物と覚えておきましょう。

５　申請書と飛行マニュアルが不適切だという理由で業務を失注してしまった

許可書以外の内容も精査される

コンプライアンスに厳しい自治体、法人や報道機関などは、業務を発注するときに許可書だけではなく、申請書と飛行マニュアルもすべて隅から隅までチェックをします。そこで発注したい業務での飛行方法ができない内容の申請書や飛行マニュアルだった場合、業務を失注することがあります。

許可書だけでは詳細な飛行方法がわからないことを覚えておきましょう。例えば許可書には人口集中地区（ＤＩＤ）内での飛行許可と目視外飛行の許可が記載されていますが、飛行マニュアルを見ると、「人口集中地区（ＤＩＤ）内での目視外飛行は行わない」と記載されているケースです。

これは人口集中地区（ＤＩＤ）内での飛行と目視外飛行はそれぞれできるのですが、これらが合わさった状況では飛ばせないということです。このように申請書内容と飛行マニュアルの両方で制限がかかっているので注意しましょう。

撮影した映像が使えなくなるケースも

前提として、飛行許可が必要なケースなのに許可を取得しなかったり、飛行マニュアルを含めた申請内容を守らないでドローンを飛ばしたりすることはあってはならないことです。

しかし事実として、ルールを守らないでドローンを飛ばす方は一定数います。実際にSNSには、ルールを守っていない可能性が高い、または明確にルール違反をしている動画が沢山あります。

例えば、補助者なしでの目視外（FPV）飛行を行っていたり、第三者と思われる通行人の上空を飛ばしたりしているケースです。少しずつではありますが、最近はドローンのルールに詳しい方も増えてきました。YouTube投稿されている動画にも「この飛ばし方は違法ではないか」という指摘のコメントも見受けられます。ドローンの正しいルールがわからず動画を投稿してしまい、視聴者からの指摘を受けてせっかくの動画を削除することになるケースもあります。YouTuberの方や企業PR動画を制作する会社などからも、撮影・編集した動画が違反していることが発覚し、使えなくなってしまったというお話を度々聞きます。

業務でドローンを飛ばし、撮影した映像が後日使えなくなってしまったとなればお客さまの信用を失い、今後の事業活動にも支障が出てしまいます。必ず許可書だけでなく、飛行マニュアルを含めた申請内容を守って飛ばすようにしましょう。

第5章　飛行許可を取得した後の手続や遵守事項

1　許可取得後の義務と許可更新までのサイクル

変更申請と更新申請

ドローンは許可取得が終わった後のメンテナンスも必要です。許可取得をしたドローン、操縦者と飛行マニュアルのどれか1つでも変わった場合は変更申請が必要です。変更申請をしても、許可の期間は最初に申請したときと変わりません。

ドローン、操縦者と飛行マニュアル以外の部分が変わった場合は、すべて新規申請が必要です。例えば法人（企業・団体）の名前、住所や飛行目的が変わった場合です。包括申請の期間は1年がスタンダードになってきているので、継続的に業務をする場合は1年間で1回の更新を行います。

更新申請はドローン、操縦者と飛行マニュアルが一切変わらずに許可期間だけの更新を行う場合に申請ができます。

2　別のドローンを申請したい

ドローンの追加申請

包括申請をして1年間の許可を取得したとしても、業務で常にドローンを飛ばしている人は申請内容に全く変化なく1年が過ぎるということは中々ありません。次々と新しい機能や性能が上がった製品が出てくるので、新しいドローンを追加で申請するケースが多々あります。変更申請が必要です。

自分のドローンだけでなく、他人（他社）が所有するドローンを申請することもできます。例えばレンタルしたドローンを申請する場合などです。

3　新たなパイロットを追加したい

操縦者の追加申請

10時間以上のドローンの操縦経験を積み、知識と技能を身に付けた操縦者を追加したいというケースも多いです。この場合も変更申請が必要です。法人（企業・団体）で許可を取得していると、入退社に伴う操縦者の変更申請もよくあります。

4　飛行マニュアルの変更をしたい

標準マニュアルでは満足に業務ができないことがある

今まで国土交通省で発行されていた標準マニュアルで許可を取得していたが、制限が厳しくて満足に業務を行うことができなくなってきたというケースがよくあります。

例えば空撮目的で、人口集中地区（ＤＩＤ）内での目視外飛行をしたいというケースです。飛行マニュアルを変更する場合も変更申請が必要です。

実際に業務でドローンを使用する場合、標準マニュアルで満足できる飛行ができることの方が少ないです。住宅 地などの第三者、第三者が管理している物件がある場所では離陸することもできません。標準マニュアル②では「人又は物件との距離が30ｍ以上確保できる離発着場所及び周辺の第三者の立ち入りを制限できる範囲で飛行経路を選定する」と書かれています。

5　飛行情報共有システム（ＦＩＳＳ）への入力

飛行前に飛行計画の登録をすること

飛行許可取得後はドローンを飛ばす前に、都度ＦＩＳＳへ飛行計画の登録をしなければいけません。人が乗っている飛行機、ヘリコプターや他の人が操縦するドローンとの接触を回避するために、いつ・どこで・どれくらいの高さでドローンを飛ばすのかを登録します。航空局標準マニュアルにも事前にＦＩＳＳで飛行計画を登録しなければいけないことが記載されています。

飛行計画を登録した後、人が乗っている飛行機やヘリコプターが接近している可能性がある場合は、国土交通省からこのような注意喚起の通知が登録しているメールアドレス宛に届きます。

【図表 50　実際の国土交通省からの注意喚起通知】

飛行情報共有システム有人航空機接近注意喚起通知 2021.0 . . .

From:

Sent:

To:

Subject: 【国土交通省航空局】飛行情報共有システム有人航空機接近注意喚起通知／【JCAB】Flight Information Sharing System alert notification

国土交通省　航空局です。

飛行情報共有システムからのお知らせです。

登録された飛行計画付近に航空機が接近している可能性があります。

周囲を確認し、航空機を確認した場合はただちに回避行動をとってください。

このメールは送信専用メールアドレスから配信されており、返信できません。

あらかじめご了承下さい。

This is a notification from Flight Information Sharing System provide by Civil Aviation Bureau, Ministry of Land, Infrastructure, Transport and Tourism.

A manned aircraft is flying near your unmanned aircraft flight plan route.

Therefore, please check around, and if you find an manned aircraft, take evasive action immediately.

Note: This email was sent from a send-only email address. Please do not respond to this message.

飛行情報共有システム（FISS）

6　飛行記録などの作成

飛行後は飛行記録の作成をすること

ドローンを飛ばした後は、飛行記録（実績）を作成しなければいけません。航空局標準マニュアルの中の「無人航空機の飛行記録（様式2）」に記録していきます。作成した飛行記録をこちらから国土交通省に報告する必要はありませんが、何かあったときに国土交通省から飛行記録の報告を求められた場合は、なるべく早く報告をしなければいけません。

飛行記録は飛行許可が必要な9パターンの内容だけを記録すれば大丈夫です。例えば人口集中地区（DID）内での飛行や、夜間飛行などです。航空局標準マニュアルにも飛行記録を作成しなければいけないことが記載されています。飛行記録は書面または電子データで保管します。

※飛行許可が不要な屋内での飛行などは記録の必要はありません。

点検・整備記録を作成すること

ドローンを20時間飛ばす毎に、点検を行います。航空局標準マニュアルの中の「無人航空機の点検・整備記録（様式1）」に点検・整備を行った人が記録します。飛行記録と同じように、書面または電子データで保管します。

7　事故が発生したときは

国土交通省に報告しなければいけないケース

飛行マニュアルにも記載されていますが、事故などが発生したときは許可を申請した窓口にすぐ報告しなければいけません。報告義務があるものは「人の死傷」、「第三者の物件損傷」、「ドローン飛行中の紛失（ロスト）」、「人が乗っている飛行機やヘリコプターの衝突または接近」です。

実際に第三者や第三者物件に損害を与えなかったとしても、墜落した際は報告しておいたほうがよいです。

なお報告書に記入する内容はこちらです。

・許可年月日と許可番号
・ドローンを飛行させた人
・事故などが発生した日時と場所
・ドローンの情報（製造者、名称、製造番号など）
・事故などの概要（死傷者の情報、物件の損壊状況、その写真など）
・その他参考になること（報告する人の氏名と連絡先など）

この報告情報は、今後のドローンの制度設計の参考にされるため、必ず報告しましょう。

【図表 51　無人航空機に係る事故等の報告書】

年　月　日

無人航空機に係る事故等の報告書

許可等年月日※		許可等番号※	
飛行させた者		発生日時	
発生場所			
無人航空機の名称	製造者： 名称： 製造番号： その他：		
事故等の概要	概要： 死傷者の情報： 物件の損壊状況： (機体及び物件の損壊状況の写真等がありましたら添付願います)		
その他参考となる事項	報告者の氏名： 連絡先：		

※無人航空機の飛行に関する許可承認を得ている場合は記載願います。

○報告方法

別添に掲載する「無人航空機による事故等の情報提供先一覧」を参照願います。
許可承認をお受けになった官署あてお知らせください。

○報告の取扱い

本情報は、今後の無人航空機に関する制度の検討を行う上で参考とさせて頂くものです。報告へのご協力をお願いします。

第6章　飛行許可以外の主な手続と制度

1 ドローンスクール（講習団体・管理団体）

ドローンスクールの申請

ドローンスクールは２０１６年（平成28年）から全国各地で開講されるようになりました。その運営形態は株式会社、一般社団法人や個人事業主など様々です。

また、当時は独自に運営していた多くのドローンスクールは座学・実技のカリキュラムや試験内容、そもそもどのように教えるのか、という基準も定まっていませんでした。

そこで２０１７年（平成29年）4月に、国土交通省でドローンスクールの教育能力（座学・実技）について初めて基準を設定しました。申請をして一定の教育能力を有すると認められたスクールは「講習団体」・講習団体を管理する「管理団体」として航空局のホームページに掲載する制度です。

よく「国土交通省認定ドローンスクール」と呼ばれているドローンスクールは航空局のホームページに掲載されている講習団体のことです。厳密に言うと、国土交通省認定という呼び方はふさわしくないのですが、ここでは国土交通省に確認を受けている（認められている）カリキュラムのドローンスクールということだけ理解できれば大丈夫です。

このスクールが発行した技能証明書を飛行許可申請で添付すると、操縦者についての資料を一部省略することができます。

【図表 52　ドローン操縦士技能検定　略称 DPT
(Drone Pilot Skill Evaluation Test)】

※実際にドローンスクールの技能試験で活用されているシステム。
測量機器を活用し、ドローン操縦技術の可視化をしています。

ドローン操縦士技能検定　HP

2　ホームページ掲載機体

ドローンメーカー向けの申請

ざっくりいうと国土交通省にドローンの機能と性能を認めてもらい、国土交通省ホームページに掲載されるための申請です。国土交通省のホームページに掲載されているので、「ホームページ掲載機」とも呼ばれています。

一部のドローンメーカーが申請するちょっとマニアックな申請です。一般の方はもちろん、ドローンを業務で行っている企業にとっても馴染みのない申請です。

3　警察署への手続が別途必要なケース

道路使用許可

飛行許可申請以外にも必要な手続がありますので、一部ご紹介します。国、都道府県や市区町村が管理している道路でドローンの離発着をする場合は道路使用許可申請というものが必要になります。申請窓口は地域を管轄している警察署です。

たまに道路工事や街路樹の枝を切っているときにコーンや警備員が立って作業をしている人を見

かけることがあると思いますが、道路工事などでもこの道路使用許可申請をしています。飛行許可とは別に申請しなければいけません。今までは直接警察署の窓口に申請書を持っていかなければいけなかったのですが、２０２１年６月からオンラインでの申請受付が始まりました。

小型無人機等飛行禁止法の通報手続

首相官邸や原子力発電所などの国の重要施設の敷地やその周囲おおむね３００ｍでドローンを飛ばすときには、事前に施設の管理者にドローンを飛ばすことについて同意をいただき、管轄の警察署に通報手続をしなければいけません。

飛行許可とは別に手続をしなければいけません。

4　ゴーグルを付けてドローンを飛行させるときは

電波法の手続が必要なケース

レースや空撮でゴーグルを付けて飛ばすドローンには、一部電波法の手続が必要なものがあります。厳密に言うと、そのドローンの一部の部品やゴーグルなどから発する電波によって手続が必要なのですが、詳細を説明すると長く難しくなってしまうので、ここでは割愛します。

本書で取り上げたゴーグルを付けて飛ばすＤＪＩ ＦＰＶは、この手続が不要なドローンです。

【図表51　国有林野内の地図】

出所：国土地理院地図

海外製のドローンや、海外から取り寄せた部品を組み合わせて自分で制作するドローンの場合、この手続が必要になる可能性があるので、頭の片隅に入れておきましょう。飛行許可とは別に申請しなければいけません。

5　林野庁

国有林野内でドローン飛ばす場合

国有林野内でドローン飛ばす場合は、管轄する森林管理署などに入林届（にゅうりんとどけ）という手続が事前に必要です。国有林というのは、国が保護管理している森林のことです。

誰もいない森林だからといって、自由にドローンを飛ばせるわけではないという点に注意してください。

国有林野内かどうかは国土地理院地図で確認することができます。飛行許可とは別に申請しなければいけません。

他にも海上保安庁や自治体などに手続が必要になること

があります。包括申請は万能ではありません。飛行許可申請以外にも色々と手続があることを覚えておきましょう。

飛行許可申請はもちろん、道路使用許可など、その他の手続もオンラインでの申請ができるものが増えてきています。今後は役所に行う手続はオンライン申請が当たり前になってくるので、今のうちに慣れておくようにしましょう。

6　その他制度について

操縦ライセンス（免許）制度と機体認証・型式認証制度

本書の内容はドローンの飛行許可申請を初めて学ぼうとする方向けのものなので、今後の制度についても身近で簡単な内容に限定して説明します。本書を書かせていただいた2021年6月現在は国がドローン操縦についての免許を発行するという制度はなく、ドローンを飛ばすためには原則許可申請をしています。民間のドローンスクール（講習団体・管理団体）が教える内容も一定の基準はあるものの、スクールによって内容にかなり差があります。

今後この規制を合理化・簡略化するために2022年度に国で統一した操縦ライセンス（免許）制度と機体認証・型式認証制度が新しくできることになりました。正式には免許という名称ではありませんが、本書ではイメージしやすい免許という言葉を使用しています。

簡単に言うと、この制度は飛行許可申請が必要なケースでも、操縦ライセンス（免許）を持っていて、国に認められた（認証）ドローンを飛ばす場合は飛行許可申請が不要になる制度です。ただし、危険なシチュエーションなどは除くなど、すべてのケースで飛行許可申請が不要になるわけではないので注意してください。もちろん安全対策などの運航ルールも守らなければいけません。

紛らわしいですが、ドローンスクールが行う技能認証（技能試験）とホームページ掲載機とはまた別の制度ですので、混同しないようにしましょう。ホームページ掲載機は、飛行許可の審査が楽になるドローンのことです。

機体登録制度

こちらも許可申請とは別の制度です。ドローンの所有者があらかじめ氏名や住所、ドローンの情報を国土交通省に登録しなければいけない制度です。

登録されたら国土交通省から登録記号というものが通知されます。ドローンの所有者はその登録記号をドローンに表示しなければいけません。車のナンバープレートのようなイメージです。

注意点としては、飛行許可が必要かどうかは関係なく、すべてのドローンを登録しなければいけないことです。こちらの制度は２０２１年度からに段階的制度が構築されていき、２０２２年６月には登録が義務化されます。登録はオンラインで行う予定です。

おわりに

ドローンの飛行許可申請についてイメージを持っていただけましたでしょうか？

今後、日本でも重要な産業分野の１つとなりうるドローンと、業務で取り扱う際に避けては通れない許可申請を少しでも理解し、イメージを持っていただくことが本書の目的です。そして本書を読んでいただいた方へ提供したい価値となります。

ドローンを運用する環境や制度は目まぐるしく変わっていますが、この変化に適応することができれば、間違いなくビジネスチャンス・成長に繋がります。

本書を書かせていただく機会を与えてくださったすべての方と、多くの学びを与えてくださったドローン業界の皆さまに感謝申し上げます。

特定行政書士　佐々木　慎太郎

著者略歴

佐々木　慎太郎（ささき　しんたろう）

バウンダリ行政書士法人　代表。

1989年生まれ、宮城県仙台市出身。

2015年1月、佐々木慎太郎行政書士事務所開業。

2017年2月、一般社団法人宮城ドローン研究会設立。代表理事就任。

2019年5月、合同会社ＳＳコンサルティング設立。代表社員就任。

2団体のドローンスクール運営（国土交通省航空局ホームページ掲載）。

2020年3月バウンダリ行政書士法人設立。代表社員就任。宮城県内に1拠点、東京都に1拠点。


ドローン飛行許可の取得・維持管理の基礎がよくわかる本

2021年7月26日　初版発行　2023年8月10日　第9刷発行

著　者　佐々木　慎太郎　© Shintaro Sasaki

発行人　森　忠順

発行所　株式会社 セルバ出版
〒113-0034
東京都文京区湯島1丁目12番6号 高関ビル5B
☎03（5812）1178　FAX 03（5812）1188
http://www.seluba.co.jp/

発　売　株式会社 三省堂書店／創英社
〒101-0051
東京都千代田区神田神保町1丁目1番地
☎03（3291）2295　FAX 03（3292）7687

印刷・製本　株式会社丸井工文社

Printed in JAPAN
ISBN978-4-86367-675-6